讓孩子的智力、體力、活力高人一等

我把孩子變聰明了

如何激發0～2歲寶寶的智能

醫學博士 久保田競◇著

高淑珍◇譯

從出生的那一天起就積極進行，

促進寶寶腦部的發達，

培育出聰明、健康的孩子！

目錄

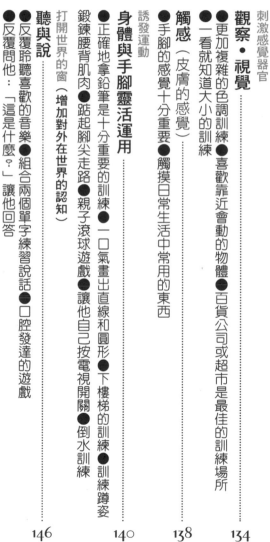

從出生第一天開始的積極育兒法

不斷接受外在刺激而逐步發育的嬰兒腦部

從出生到學會走路的期間決定了將來

剛出生的嬰兒十分嬌弱，需要家人及周遭人的保護及照顧；尤其媽媽的愛，更是寶寶生長的泉源。

這些照顧者餵食寶寶足夠的食物，處理他（她）們排泄上的衛生問題，並保護寶寶免於各種危險的侵襲；在如此周延的看顧下，寶寶才能一天一天成長茁壯。

隨著體形的改變，寶寶的腦部也漸漸發育；而身體和腦部都需要身邊的大人，尤其是媽媽的保護才能順利成長，所以，就一個保護者的角色來看，媽媽的地位就顯得格外重要了。而且媽媽的養育方式，還可能無限度激發寶寶的潛能呢！

嬰兒的腦部從出生到學會用腳走路爲止的1歲左右，以驚人的速度發展。即使他們的外表看來仍十分嬌弱，但這個時期可說是激發及延伸嬰兒潛能的最佳時期。

在這個時期，針對寶寶的耳、眼、皮膚等表面的感覺器官給予刺激，再好好使用肌肉的話，大腦內部會構成一個神經迴路。

嬰兒腦部神經迴路的形成方式，會因在什麼時期給予何種刺激而出現差異，甚至於因爲這種刺激的差異，影響到腦部智力的發育。

所以，一個嬰兒從呱呱墜地到會用雙腳向前邁開的8個月到1年3個月這段期間，身爲媽媽的養育方式實在相當重要，甚至於對寶寶日後的人生還有決定性的影響呢！

這種說法並不是要讓媽媽們陷入無形的壓迫感中；或許有些媽媽會產生以下的反應：「對這些還不會走路的小嬰兒，要怎麼教比較好？」、「這是我的第一胎，實在不知道哪些教育方式比較適合？」而益發覺得養兒育女眞是一件困難的事。

因此，這本書爲了幫助家長激發新生兒到2歲寶寶的無限潛力，會以深入淺出的方式一一說明適合不同階段的嬰兒的教養方法。

在此將寶寶的成長及發展分成七大時期，再以實際例子說明各時期的養育重點。

腦部的各個分野與其功能

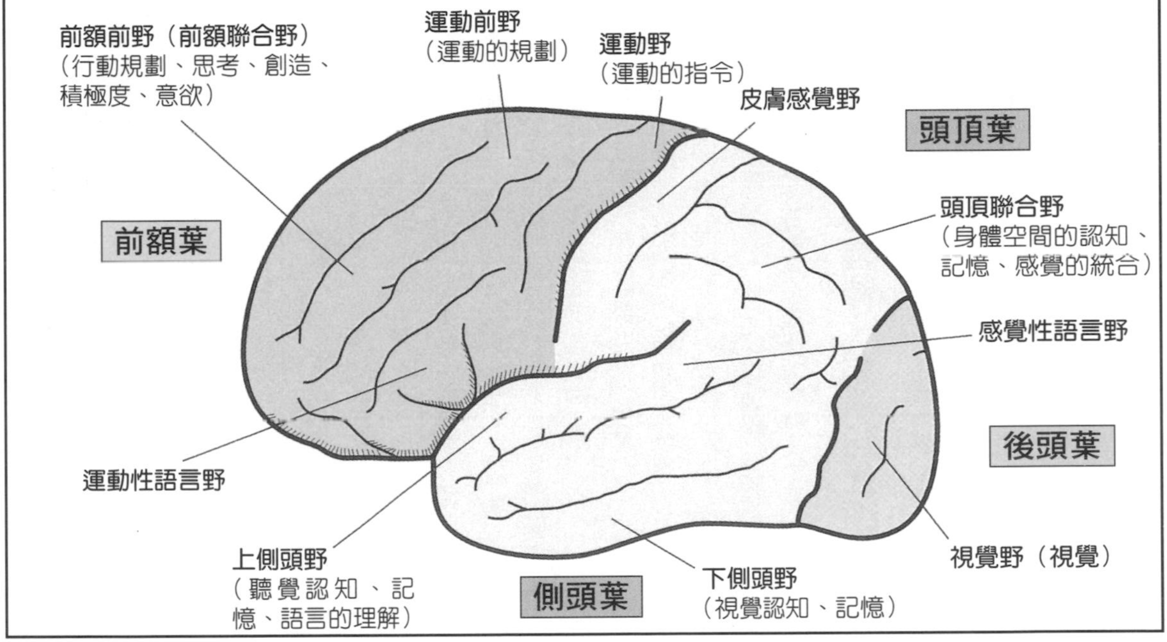
前額前野（前額聯合野）
（行動規劃、思考、創造、積極度、意欲）
運動前野
（運動的規劃）
運動野
（運動的指令）
皮膚感覺野
頭頂葉
前額葉
頭頂聯合野
（身體空間的認知、記憶、感覺的統合）
感覺性語言野
後頭葉
運動性語言野
視覺野（視覺）
上側頭野
（聽覺認知、記憶、語言的理解）
側頭葉
下側頭野
（視覺認知、記憶）

刺激與反應伸展了腦部的神經迴路

養兒育女好比一場拉鋸戰，你給孩子什麼樣的刺激，他就表現出什麼樣的反應。而這個反應又變成對媽媽的刺激，讓她對孩子給予新的刺激，形成一個良性循環。

爲了讓孩子從出生的那一天起就充分發揮潛能，得以伸展自己的能力，必須讓嬰兒接受刺激引起反射，再經由刺激誘發行動，然後透過刺激展現行動力；過不了多久，你會發現嬰兒自己可以找出解決問題的方法，積極地付諸行動。

所以，出生後一年之內，媽媽對寶寶的刺激行爲十分重要；正如同和腦部的驚人發展要同步進行一樣，媽媽一定要學習如何給予寶寶最適合的刺激。

像前面所說的，可以自己找出解決問題的方法並付諸行動的孩子，可說是聰明的孩子；而解決問題的能力即所謂的智能。

寶寶的智能主要是經由大腦前額葉前額前野的運作；剛出生時這個部分尚未啓動，8個月大左右開始運作，到學步期就能夠運用了。

所以，如在這個時期之前，給予寶寶足夠的刺激，讓他的反應變得敏捷，就能讓腦部充分的發展。這時的寶寶能針對外在的刺激產生適當的反應，腦部的神經迴路逐漸打開，智力也日漸發達。

一生最發達的時期是出生後1年間

曾有研究報告指出，有些寶寶在出生的那一天就會區別媽媽的長相、分辨她的聲音；由此可知，他們的腦部已有驚人的發展，所以，育兒工作眞是一日也疏忽不得。

而且，寶寶在出生後一年之內的發育及發展都十分迅速，一生中再也沒有一個時期的發展像此時這麼快速。

衆所周知，人體是由數量十分龐大的細胞所構成；因爲這些細胞產生分裂，數量增多，人體才會慢慢長大。而腦部的神經細胞以剛出生時最大，之後就不太增加了。

人體剛出生時的細胞已經有一百四十億個；即使長大了，這個數量仍沒有太大的改變。不過，大腦會變大；這不是因大腦的神經細胞數量增多，而是因自神經細胞延伸的樹枝狀突起向外擴展，才使大腦變大了。

神經迴路延伸、擴展強化腦部

從腦部的神經細胞延伸的樹枝狀突起，對腦部的功能具有決定性的影響。當嬰兒受到刺激產生反應，學習新事物之後，這些神經細胞的突起逐漸延伸向外擴展。這些神經細胞的突起相互聯繫、增加，稱之爲突觸。

若想激發孩子的潛力，培育出聰明睿智的孩子，必須促進這種突觸的成長。

如左頁的圖表所示，嬰兒的突觸數還在媽媽的肚子裡時，亦即懷孕七個月大時開始增加，等寶寶1歲大時數量最多。

在突觸處於成長的時期，一定要給寶寶適當的刺激；否則突觸無法發揮它的作用。而成長的突觸必須要充分發揮它的功用。所以，爲了培育出具有自我思索能力、運動能力良好的孩子，一定要增加突觸的數量，擴展神經細胞的迴路，使它們得以正常運作。

假設只給嬰兒喝牛奶，提供充足的營養，但不給予其他刺激的話，嬰兒的腦部會出現什麼變化呢？

結果發現嬰兒的身體會長大，但是，因爲得不到刺激而學不會新的事物，突觸無法正常運作，腦部的神經迴路無法增加延展；亦即，腦部無法發揮正常的功用。

神經元與突觸的圖形

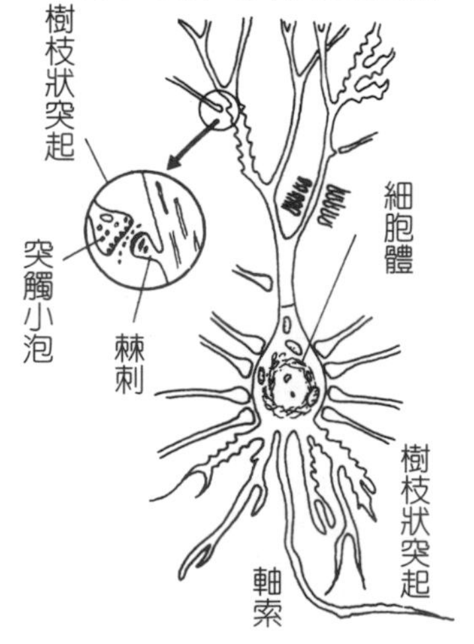

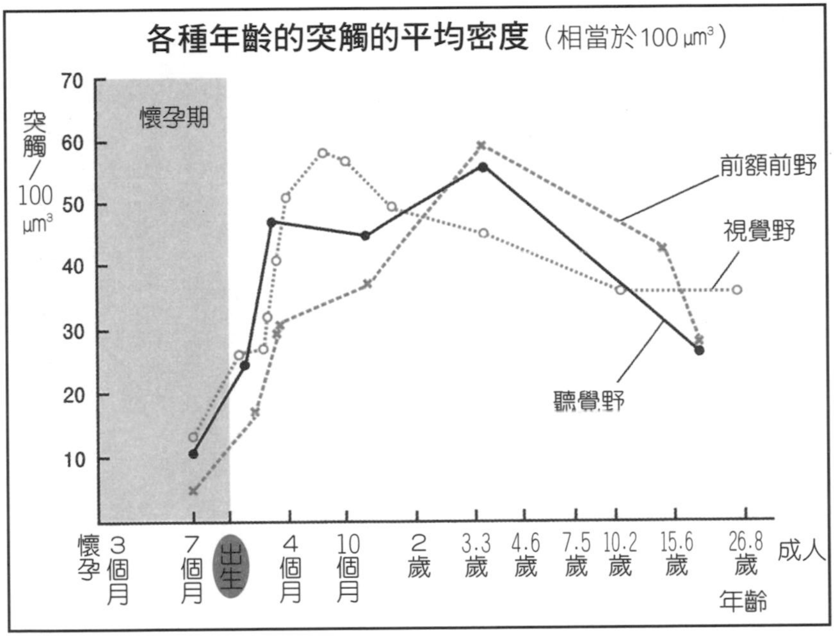
各種年齡的突觸的平均密度（相當於100μm³）
突觸／100μm³
70
60
50
40
30
20
10
懷孕期
前額前野
視覺野
聽覺野
懷孕3個月
7個月
出生
4個月
10個月
2歲
3.3歲
4.6歲
7.5歲
10.2歲
15.6歲
26.8歲
成人
年齡

因此，針對眼、耳、皮膚或手腳的肌肉等給予充分的刺激，正是這一時期擴展腦部神經迴路的最佳方法。爲了強化神經細胞間的聯繫，使腦部正常地發展，到寶寶開始學走路的這段期間，特別稱爲「腦部強化期」。

6個月大時腦部的功用會出現差異

如果說會養出腦筋好或腦筋差的孩子，都取決於媽媽的養育方式——這句話實在一點都不爲過。這是因爲腦部的功用會因外在的刺激而變好或變差。如果刺激的方法錯誤，嬰兒的腦部無法順利產生反應，也就無法正常地發展了。

剛出生嬰兒腦部的功能，其實都差不多；幾乎每個嬰兒都會呼吸、哭泣或吸吮。

但是，經過不同的外在刺激後，6個月大左右的嬰兒，腦部的功用開始出現極大的差異。不管是身體的成長或頭部功能的發展都有不同，儘管身體順利發育長大，未必表示頭部的功能一定是正常發展。

亦即，從嬰兒6個月大起，他的個性開始萌芽，性格、思考方式或智能都出現明顯的差異。

等到2、3歲左右，寶寶進入牙牙學語期，和他人的接觸成爲最基本，也是最重要的時期。這時自我的雛型慢慢出現，人類頭部的基本運作大致底定。所以，在這個階段之前，一定要給孩子足夠的教育，充分的刺激，訓練他的反應及腦部的功能。

給孩子適當的刺激

等嬰兒6個月大左右，腦部的功能開始出現差異，媽媽可不能放鬆喔！這時給予各種刺激，激發寶寶的反應，充實他的腦部，然後再提供新的刺激，幫寶寶不斷地學習的教育方式，就十分重要了。

嬰兒因個人發展不同，有些腦部的成長發育迅速，有些則比較遲緩；但令人意外的是，很多學習似乎都沒有配合嬰兒的發展。

嬰兒記憶各種反應類型的速度因人而異。剛出生的嬰兒都處於「反射期」，不久進入「反應期」；不過每個嬰兒在這段期間的表現還是各有不同。例如，從吸奶的反射動作到學會吸吮反應的期間，有些孩子很快，有些則很慢。

這之間的差別就在於刺激的方式或次數等等，來自外在的刺激所決定的環境因素，以及遺傳的要因。

就算是同一個嬰兒，也可能因爲心情好，反應就會快一些；反之，如果情緒不佳，反應就會變慢，無法把指令輸入大腦中。所以，由此可知嬰兒的反應會變慢，無法學習新事物，絕非由出生時的素質等因素所決定。

因此，觀察嬰兒在某時某日的反應，給予他感興趣且最恰當的刺激，以激發他的能力，是刻不容緩的事呢！

導致最佳及最差結果的刺激方法

左圖表示隨著時間一天天的過去，嬰兒學習反應到達程度的差異。如同在嬰兒最容易接受時，給予最適當的刺激，能讓他發揮最大的潛能一般；有些嬰兒則因爲接受不恰當的刺激，產生最差的結果。

左圖中的A曲線是最理想的情形；但B曲線則是最差的現象，這時嬰兒完全沒有受到刺激地長大，或者是即使有受到刺激，卻無視於他的成長階段，故效果很差。在另一方面，也出現了接受一般刺激後的曲線。

像D曲線是不太給嬰兒刺激所出現的反應；而像D'曲線即使中途開始給予刺激，結

嬰兒記憶「反應」到達程度的不同

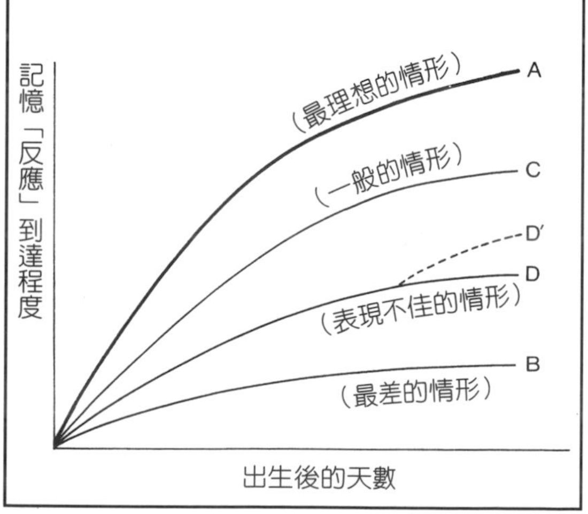
記憶「反應」到達程度
(最理想的情形)
A
(一般的情形)
C
D'
D
(表現不佳的情形)
B
(最差的情形)
出生後的天數

果卻比給予一般刺激的C曲線效果還差。

也有例子顯示，等寶寶的身體大到某一個程度後，即使再亡羊補牢給予刺激，這時寶寶的腦部已經變得很難接受這些刺激了。

所以，媽媽對於刺激的方法，抱著何種態度將會影響寶寶能否如A曲線所示，獲得最佳的刺激，表現出最好的反應。媽媽應該經常反省自己對寶寶的養育方式，才能孕育出反應最快、腦筋最好的孩子。

到學步期之前的五階段育兒法

爲提供嬰兒適度的刺激，以強化腦部功能，呈現理想的反應類型，了解出生到學步期這段期間嬰兒身體與腦部的功用，就變得十分重要了。

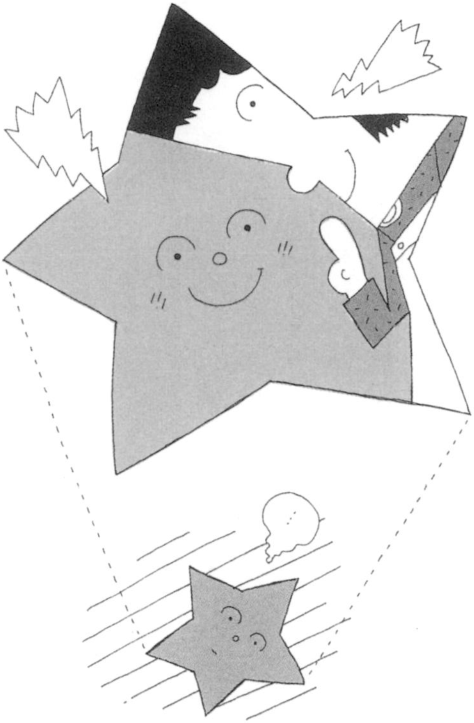

從寶寶出生到他學會走路的發展期間，可大致區分爲幾個階段；而配合腦部發展階段的育兒法，正是強化腦部功能的育兒法。本書將此期間分爲五個階段；當然，以媽媽的角度來看寶寶的成長發育，可能會覺得這五個階段不是十分明顯。媽媽從寶寶一出生，就持續不斷地進行養育重責，所以，這五個可能無法明確區分的階段，就當作是一個基準好了。

首先是第一個階段，即對應刺激的「反射期」，爲嬰兒出生到1個半月左右的期間。這時的嬰兒對於刺激只是一種與生俱來的「反射」動作，尚未進入「心」的境界。

第二階段是嬰兒1個半月到3個月大左右，由刺激與反射相互搭配的「刺激反應期」；即寶寶針對刺激引發的反射動作，會加入一些「反應」。這時的寶寶會嘗試把脖子挺起來，區分白天與晚上，對同樣的刺激有時出現反應，但也可能沒有反應似地加入意志或「心」的思考。

第三階段是嬰兒的坐立時期，即所謂的「探索期」，好奇心很重。

而第四階段是嬰兒會扶著東西站立的時期，即可以分辨人，出現自我意識的「自我發現期」。

最後第五階段則是開始學步的時期，即自己開始思索新的行動，所謂的「原始智能發達期」。

利用反射自行運動

嬰兒受到外界刺激，引起反應，再進一步採取行動——透過這些步驟得以了解外面的世界，在腦海中增加對外界的認知記憶。所以，嬰兒要確實可以「運動」，才能從眾多的認知記憶中，挑出某一個認知而付諸行動。當身體的各個肌肉確實可以動作之後，嬰兒才能針對自己設定的目標開始行動。

像1歲或2歲的幼兒，雖說會「走」了，但是手腳的靈活度仍顯不足；一定要經由不斷地重複動作，才能靈活運用他們的四肢。

至於像剛出生的嬰兒出現的緊握手指現象，只是一種與生俱來的把握反射；這時，他們還無法靠自己的意志抓物或握著東西。

不過，隨著嬰兒腦部神經迴路的發達，他們慢慢會不經由反射動作，而憑自己的意志緊握著手。

像2歲幼兒的運動，只要好好利用這些與生俱來的反射動作，即可增加他們經由自己的意志運動的種類。

重複練習讓運動更嫻熟

幼兒必須利用脊髓的反射和迷路的反射，才能靠自己的意志做運動。

當刺激出現時，人體會立即移動某一部份的肌肉形成反射動作；例如，指尖碰到痛的刺激，手會縮回，這就是脊髓反射。

再者，伸展肌肉，使此肌肉能夠運作也是一種脊髓反射。

在另一方面，以自己的意志運動時，於腦部的運動前野（聯合野）這部分，有一該以何種順序做何種動作的規劃。然後，把相關訊息送至運動野，決定該在哪一塊肌肉施多少力；再把這些指令送到脊髓的運動中樞，配合皮膚或肌肉方面的訊息，開始「運動」。

當運動前野運作後，小腦也同時開始運作，把運動的類型或功效等相關訊息傳送至運動野。

如此一來，一個簡單的運動，就可以讓運

大腦的分葉

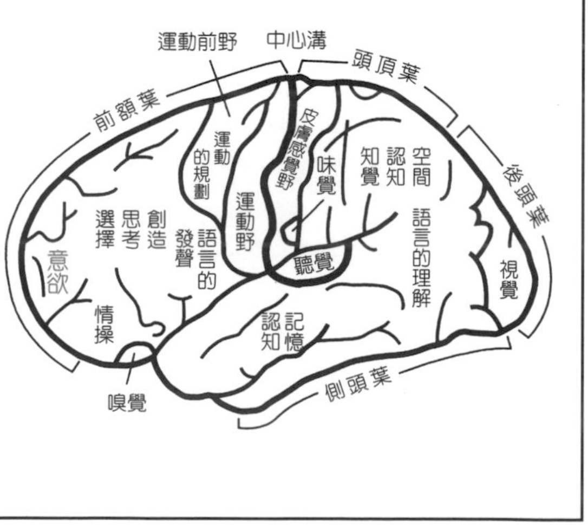

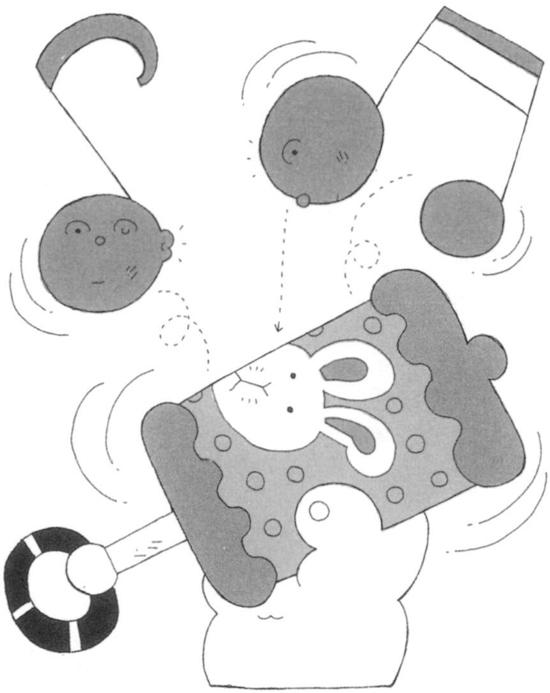

動野、運動前野和小腦都發揮作用。如果這些迴路無法暢通，人體就不能順利地運動。運動能否順利進行，端看這些神經迴路是否都能有效地發揮作用。這裡的運動野出生時大約用了50％，而運動前野出生時則尚未啓用。而運動野或小腦要到1～2歲，才會發展得像大人一樣。所以，在這之前有必要讓孩子嘗試多方面的運動。使用手腳或利用全身的運動或遊戲，才能夠培育出會動動腦再使用手腳，或感覺運動智能發達的孩子。

而所謂的迷路反射，即位在耳朵深處的迷路的前庭接受體受到刺激時，所引起的反射動作，當頭的位置一改變，就會發生作用。

例如，把剛出生的嬰兒臉朝右擺，右邊脖子的肌肉會發生作用，使臉朝右，右肘、右腕筆直伸出，但是左手爲彎曲狀；這就是迷路反射引起的現象。

所以，嬰兒翻身時能否很快地用另一邊的手做支撐，就取決於他是不是會利用這種迷路的反射。因此這種迷路反射也叫做平衡反射，是一種取得平衡的重要功用。

行動受限的話，智能發展低落

嬰兒爲了把各種運動的類型，放入腦中歸類爲「檔案」，需要一個可以充分活動四肢的空間。有研究報告指出，嬰兒可以自由活動、探索的空間越寬，3～4歲後的智能發展就越好。

這意味著嬰兒可以跑、可以走、可以觸摸的世界越寬廣，朝向目標發揮作用的能力就會越好！

反之，若嬰兒的活動空間受到限制，會妨礙他的智能發展。也有研究報告顯示，若給嬰兒太多的玩具，讓他在雜亂的空間遊戲的話，智能發展會不太理想。這時恐怕想要積極探索的意欲，已經被破壞殆盡了吧！

因此要注意，一旦自我認識的世界、可以行動的世界變窄，使用腦部的機會也就減少了！

每天在腦部存入新的「記憶」

迎向智能發展期，行動越發積極活絡的嬰兒，日益向寬廣的世界拓展他的行動範圍。過了1歲半的時候，寶寶對於外來的刺激不再是單純的反應，而是把對應於刺激的「記憶」一個一個帶入腦海中「歸檔」，再將它們付諸行動或動作。

每天都有良好刺激的寶寶，就這樣將「記憶」置入腦中儲存起來；萬一這個創造「記憶」的過程不順，幼兒就無法對刺激表現適度的行動，有時還會出現抗拒的行動呢！

提高意欲的中腦皮質系統

有顏色的部分表示中腦皮質發揮作用

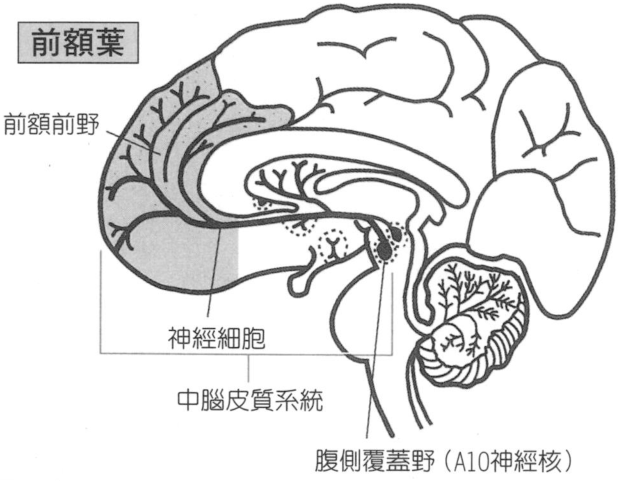

為了正確創造這些「記憶」，孩子必須對於外來刺激具有敏銳且純正地感受力；所以，家長必須花更大的心思，培育一個對於微妙的外界變化，具有敏銳感受力的孩子！

一般我們都把五種感覺——視覺、聽覺、嗅覺、觸覺和味覺稱之為五感；除此之外，還有痛覺、冷熱或平衡等感覺。這些感覺都有可以接受各自感覺的特別感覺器官，經由此處把訊息傳至大腦。

尤其是1歲大的幼兒，除了基本的五感之外，更希望可以完全接收這些感覺。

完成感覺野的神經通路

外來加諸於身體的刺激會引起感覺，視覺、聽覺、味覺、嗅覺、觸覺、痛覺、平衡感覺等等幾個相互搭配，則引發知覺或外在世界的認知。

人類罕有單靠一種感覺就能認識外在的世界，嬰兒也是一次可以接收到好幾種感覺；例如，發出聲音的玩具或電視等，就同時讓嬰兒接收到視覺、聽覺、觸覺等感覺呢！

而在腦部針對這每一種感覺，傳送此感覺的通路或位置都不一樣。所謂的大腦感覺野，就是可以傳送各種不同的感覺訊息，讓人們認識疼痛、顏色或形狀等感覺。

像手觸摸的感覺，加上眼睛看的感覺，整合為一個範圍就是頭頂部分的頭頂聯合野。當刺激進來後，接收了此感覺的刺激，大腦的感覺野先發揮作用，然後頭頂聯合野也會發揮作用。但是，如果刺激未達頭頂聯合野的話，它就無法發揮作用了。如前所述，給予刺激的神經迴路若不健全，頭頂聯合野就無法構成良好的迴路。

而感覺野的神經通路約到1歲才完成；在這之前若無完整通路的話，會培育出所謂的感覺遲鈍兒。

感覺野整個的神經通路雖到1歲左右完成，但是，透過各種感覺建立的神經通路的時期並不相同。如針對皮膚刺激的神經通路，約於出生後1～2個月完成。

而針對眼睛刺激的神經通路約於3個月完成；耳朵的基本神經通路則在2歲左右建立。像這樣，不同感覺於感覺野建立通路的時期也不一樣，所以，訓練感覺的教育一定要配合每個發展階段。亦即，從出生開始，到頭頂聯合野完成的7～8歲爲止，訓練感覺的運作一定要持續不斷地推動。

當深植於孩子腦海中的「記憶」檔案越多，他的精神生活就更爲豐富。最起碼在寶寶2歲之前，多給予各種不同的刺激，使他成爲感覺敏銳的孩子。

愉悅的刺激培育出學習意願

給嬰兒適度刺激，鍛鍊其腦部功能時，記得常讚美、誇獎他的表現。當嬰兒受到愉悅的感受刺激，腦中的「中腦皮質」系統會發揮作用，使得學習過程更順暢，加強了學習意願。

如右圖所示，受到吃了美味食物等愉快的刺激之後，腦中的A10神經核（腹側覆蓋野）開始運作，分泌一種特殊物質。這種特殊物質經由神經細胞送至前額葉，可以加強寶寶的學習意願，產生令人振奮的訊息，讓孩子對任何事物都有積極參與的興趣。

如果寶寶受到未曾有的體驗而大吃一驚的刺激時，腦部也會釋出這種特殊物質。其他像聽到巨大聲響、看到陌生人等等，或見或聞等感覺上的刺激，都會激發這種特殊物質分泌。

若是「中腦皮質」系統經常地運作，就能隨時強化個人的學習意願；亦即，這種振奮的訊息不僅是在當時，還會一直持續下去呢！

這種特殊物質在整個前額葉發揮作用，於思考、運動或創造等方面都有學習的功效，也能增加孩子的能力。再者，前額葉一發揮作用，中腦皮質系統也會產生作用，在相互運作之下，使整個學習過程更加順暢。

當寶寶學習新的事物時，中腦皮質系統發揮了應有的作用，學習上的功效就會更好。如果這種系統可以逐漸發揮作用的話，寶寶就能不斷體驗新的事物，學習意願也就越來越高了！

新生兒～
1個半月左右

反射期

從反射期到出現反應的同化時期

此時的嬰兒只靠與生俱來的反射動作

剛出生的嬰兒一天幾乎有18個小時都在睡覺。等到肚子餓了，尿褲濕了，他才會驚醒哭泣；不過，醒著的時間很短，除了喝奶以外，大概只有3～5分鐘。

這時的嬰兒如果醒著的話，可以做的事實在很少，充其量只是哭一哭、吸吮碰上嘴巴的東西罷了。這種與生俱來的反射動作，只能讓他對接觸物或巨大聲響等外來刺激，出現一定的反應。

這時期的嬰兒具有三種反射動作：

①吸吮反射——會吸碰上嘴巴的東西，而且是一直吸著。

②把握反射——緊握掌心，即使扳開他的手指，他還是會馬上握著。

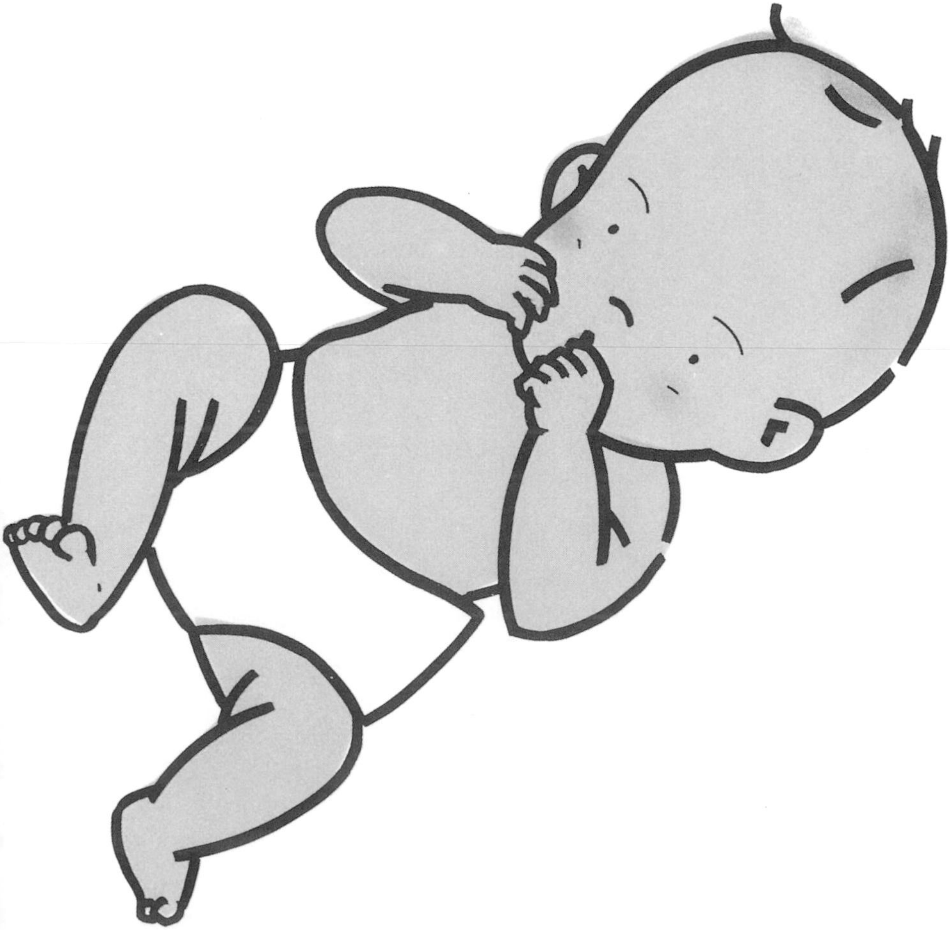

③瞬間反射——向他的眼睛吹氣，他還是一直閉著眼睛。

這三種反射動作都是嬰兒與生俱來的；不論是吸吮、把握或閉眼動作，都不是經由嬰兒的意志所操控。而且嬰兒於此時期，也無所謂的心理層面或智能上的認知問題。

媽媽在這時期應該做的事，就是餵養寶寶，注意他的排泄清潔，保護他的安全；具體上的一個教養目標就是，幫助寶寶早日把脖子挺起來。

從吸吮「反射」到學習吸吮的「反應」

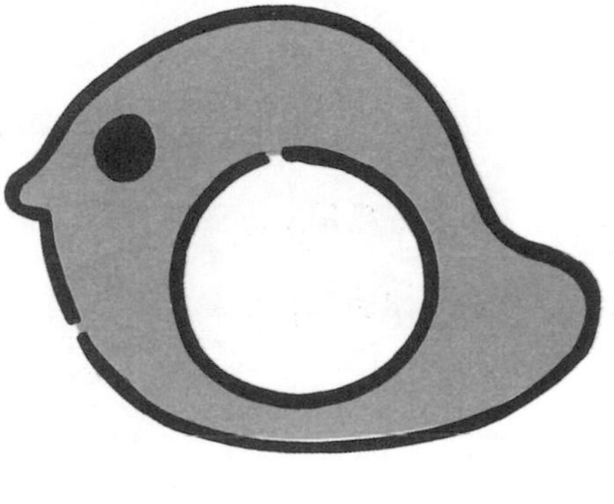

等寶寶的脖子可以挺起後，這些與生俱來的反射動作會越來越弱，轉變為自我的反應。

剛出生時，嬰兒的嘴巴一碰上媽媽的乳頭，就出現反射性的吸吮動作，而不是自己想吸奶的動作；過了一段時間，即使嘴巴沒有碰上乳頭，小嬰兒的嘴還是會開始張嘴、閉嘴的運動。而且這時吸吮運動的次數會逐漸增多，吸吮的力道也會增強。

等寶寶大約3週大，會開始自己找媽媽的乳頭，這證明他已由吸吮反射學習到吸吮的反應。像這樣由反射變成反應的過程，稱為「反射的同化」。如果每天餵奶時能幫寶寶積極學習這點，他的同化速度就會比較快。

只不過，這個時期的學習基礎僅架構在反射動作上，幾乎不可能進行其他的學習。所以，即使想早一點讓寶寶學會自我的反應，大幅度地移動物品讓寶寶眼光跟著看，結果他的眼睛還是跟不上，這樣就不完全，也沒太大的意義了。

如果寶寶醒著時過於哄他，或者是一直要他盯著東西看，反而會讓他覺得好累，不利於腦部的發展。只要他能獲得充足的睡眠，大約1個月即可習慣日夜規律的生理作息，自行造就屬於自己的生活習性。

出生1週大，對外來刺激產生反應

你是否曾經注意觀察出生僅一週大的小嬰兒呢？如果是的話，你會發現，他們除了與生俱來的反射外，還會對外來刺激產生微妙的反應。

例如，看東西時的姿勢或時間有所差異；你輕輕碰他或稍微用力壓他，他的反應都不太一樣。其他像對聲音的喜惡，呼吸的規律性也有所差別。再者，對於光線的強弱也有所反應，遇上強光會閉上雙眼。

等他大約3週大，似乎對圓形物品或人的臉有所偏好呢！像這樣嬰兒對於外在刺激產生微妙的反應，才能逐漸在腦部構築完整的神經迴路。所以，從反射同化為反應的過程實在是相當重要呢！

刺激感覺器官

視覺・聽覺・觸覺（刺激皮膚）

習慣生活中的各種聲音

從醫院被帶回家的寶寶，對環境的變化感到些許不安；他們對聲音出現敏感的反應，會反射性地伸直手腳，呈現驚恐的樣子。這表示孩子具有良好的感受力，家長不必

電視、收音機、吸塵器、汽車、鳥叫聲……這些都是可以讓寶寶聽習慣的生活聲音。寶寶睡覺的地點，不論是窗邊或房間一隅均可，應試著經常更動。

不管是餵奶、換尿褲或抱著寶寶時，都要和寶寶說說話；但不要使用童言童語，應用清晰正確的發音，如「汽車」、「小狗」、「媽媽」等等。

太緊張。

可是，一些新手媽媽看到寶寶的這些反應，不免十分介意，以至於不敢製造任何聲響，顯得有些神經質。其實只要不會嚇到孩子，應該先讓寶寶習慣一些微弱的聲音，再逐漸加大音量，讓他習慣生活周遭的聲音。

常和寶寶說說話

這時的寶寶雖然不會說話，卻可以聽懂部分的語彙。

像媽媽說話的聲音或呼吸，都會刺激嬰兒腦細胞的反應。這種反應會陸續出現在寶寶2～3歲使用語彙時所需運用的神經迴路上，故顯得格外重要。所以，千萬不要認為反正孩子還不會說話，就悶不吭聲地幫他換尿褲或抱他，應該多和寶寶說說話。這時媽媽的發音要清晰，並重複相同的呼叫，讓寶寶習慣這些聲音。

隨著寶寶月齡的增加，別忘了讓他看看媽媽講話的嘴型及發音。

注視物品
建立腦部神經迴路

一直到現在，還是有人以爲剛出生的寶寶看不到；其實他們看得見，只是可見的範圍相當狹隘，只有雙眼之間的狹小距離。

媽媽可將臉對準躺著的寶寶正面，把臉忽近忽遠地緩慢移動，讓寶寶找出視線的焦點；然後再左右移動，讓寶寶的視線跟著走。

每天幫寶寶更換尿褲的時候，就是親近寶寶的最佳時機。在寶寶看得見媽媽的臉的範圍內，先貼近寶寶的臉頰，再慢慢把臉移開，停在30～40cm處和寶寶說話。

嬰兒經由觀看物體的動作，建立腦部的神經迴路，時日一久，他們就能和成人一樣看得見各種東西了。

注視是觀察事物的基礎

所謂的凝視就是把目標物的影像放入心裡注視，再持續地注視。

在寶寶看得到的地方懸掛一紅
色圓形物，讓他活動雙眼。

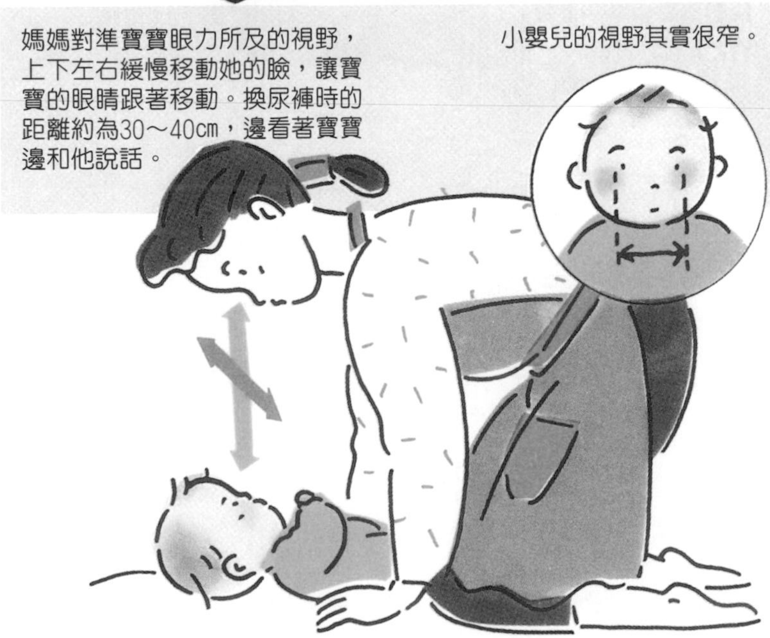
媽媽對準寶寶眼力所及的視野，
上下左右緩慢移動她的臉，讓寶
寶的眼睛跟著移動。換尿褲時的
距離約為30～40cm，邊看著寶寶
邊和他說話。
小嬰兒的視野其實很窄。

所以，注視爲觀察事物的基礎，必須透過積極的練習，讓孩子加長專注的時間。

首先訓練孩子針對眼前某一個看得到的點持續凝視，再由鼻子的上面往下移動，讓他閉上雙眼。然後讓他張開眼睛，再重複讓他注視某一個點。

如果孩子做不來的話，媽媽就要從較遠的距離到30～40cm處，把臉忽遠忽近地靠近寶寶，邊和他說話或玩耍。這可以幫助寶寶把眼光對準目標物移動。

拿著玩具搖來搖去——這對此時的寶寶其實沒有太大的意義。

讓寶寶注視著手指，再由鼻子的上面往下移動，讓他閉上雙眼。

媽媽從較遠的地方（約30～40cm），忽近忽遠地和寶寶說說話。

凝視訓練一天做一次即可。

側躺餵奶法 讓寶寶自由活動

媽媽的肌膚直接和孩子做接觸的餵奶法，是最佳的親子互動呢！

其中媽媽採取側躺不動，而讓寶寶自由活動的餵奶法，更是相當好的方式。不過要特別注意，曾有因媽媽太累睡著了，不幸壓死寶寶的案例發生；所以，在寶寶脖子還不會挺起之前，必須小心一點。

這時的爸爸也別閒著，記得躺在一邊和寶寶說說話呢！此外，媽媽不妨試試四肢趴在地上、直視寶寶的餵奶方式，據說也有良好的互動效果呢！

傳統的懷抱餵奶法固然很好，但是偶爾故意把乳房動一動，讓寶寶找一找；或者是把乳房抬高，讓寶寶手腳動一動，都會引發一些懷抱餵奶法所看不到的動作。寶寶透過這些動作，逐漸產生新的反應類型，對大腦的發展很有幫助。

濕尿褲會刺痛肌膚 使感覺變遲鈍

如果爸爸也躺在一旁，寶寶喝起奶會更開心呢！

媽媽也可以用四肢趴在地上的姿勢餵奶，讓寶寶的手腳自由活動。

因寶寶的皮膚相當敏感，
尿褲濕了就要立刻換掉。

為了讓寶寶儘早學會「尿褲濕了不愉快、尿褲乾淨愉快」的良好習慣，原則上尿褲一濕了就要換。

如果濕濕的尿褲未及時更換，不僅會刺痛寶寶的肌膚，還會使他的感覺變遲鈍呢！

誘發運動

手與指頭靈活運用

吸手指頭爲自我意志萌芽的表現

在嬰兒的所有感覺中，口腔的皮膚感覺是最發達的一種。當嬰兒把自己的手指頭放入口中吸的那一刻起，表示他開始以自己的意志移動手指。這意味著意志萌芽的表現，是一種相當重要的發展。

嬰兒常試著移動「手指頭」這種身體的一部分，把它放入嘴巴吸一吸、舔一舔，所以，吸手指頭絕不是一個人們以爲的不良習慣，反倒應該鼓勵孩子多試試。

像此時反射性地把手指頭，或抓到手裡的東西放入嘴巴，都是腦

這時期吸手指頭的動作很重要，表示寶寶可以靠自己的意志移動手了。

部發展過程中的現象，等反射期一過，這些現象自然就消失了。

用5根手指抓玩具

這個時期給寶寶奶嘴等玩具時，一定要讓他用5根手指好好地抓住。先由抓媽媽的小指頭開始訓練；不建議用一些無法配合寶寶發展的玩具做練習。只用2、3根手指頭抓著搖搖鈴揮舞的寶寶，有時也會因爲不耐煩而移動雙手。

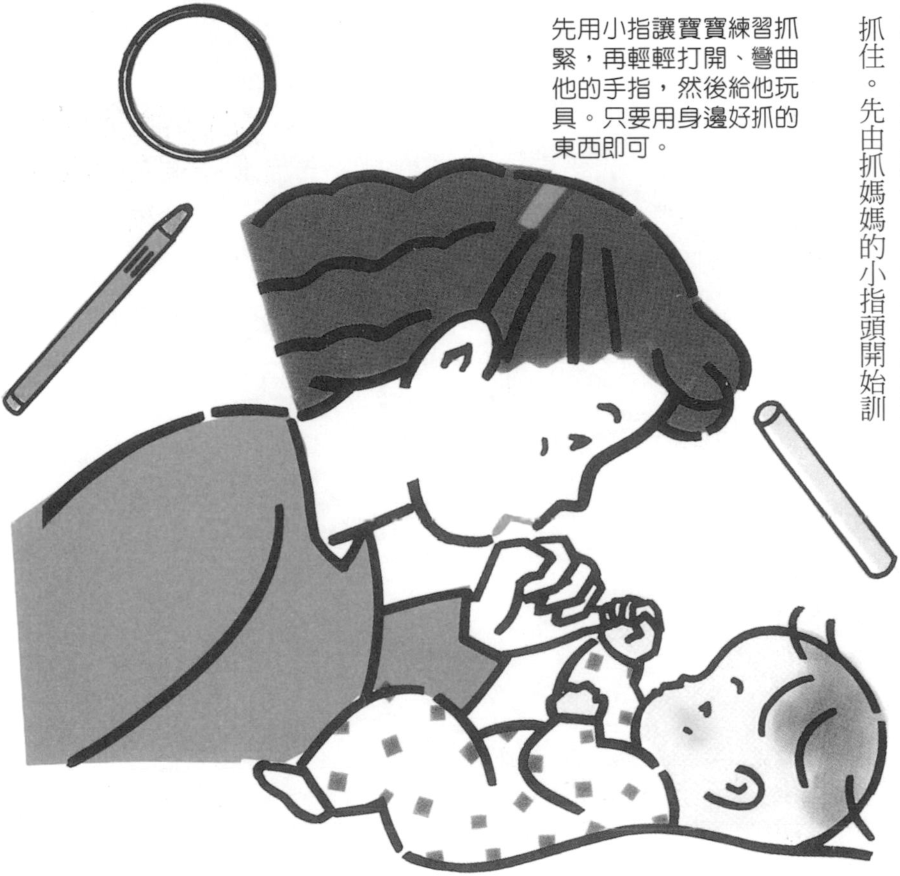

先用小指讓寶寶練習抓緊，再輕輕打開、彎曲他的手指，然後給他玩具。只要用身邊好抓的東西即可。

用5根手指抓物的練習

媽媽的手指覆蓋在寶寶的手指上，幫他把手指一根根握起來。

練習用5根手指抓東西。

這種方法是錯誤的！

幫助脖子挺起的趴姿

即使是剛出生不久的嬰兒也會趴著；只要讓他習慣趴著的動作，就會早一點挺起脖子。出生之後，一天練習1～2次即可。

但是要注意，不要讓寶寶趴在軟綿綿的被褥上，以免發生窒息的危險。

迷路的刺激
（促進運動神經的發展）

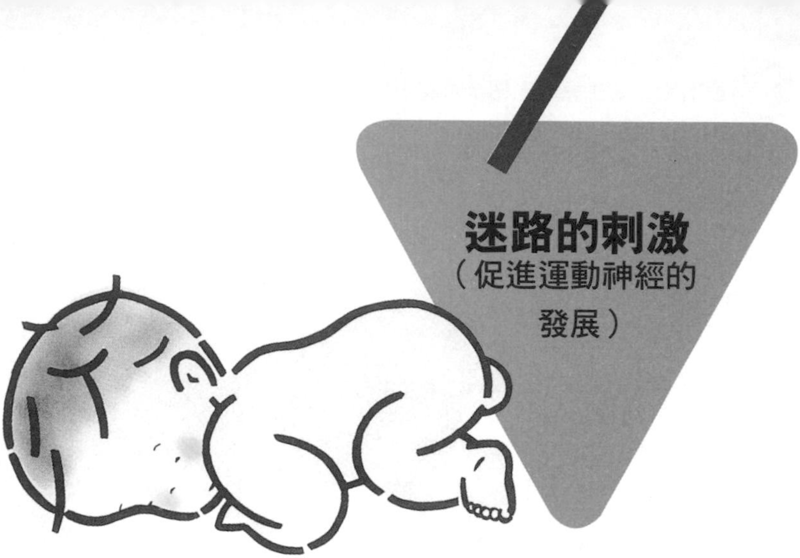

用手輕撫寶寶拱起的背部，讓他慢慢伸直背部或四肢。

迷路反射

趴著之前先讓寶寶裸體躺著，仔細觀察他的迷路反射動作有無出現。

4.臉朝左時，左邊的手腳伸直，右邊則彎曲。

3.臉朝右時，右邊的手腳伸直，左邊則彎曲。

2.只有臉朝單側。

1.四肢縮在一起。

手腳左右對稱地趴著

這時期的嬰兒身體經常是彎曲的，也沒有必要刻意把他的身體伸直再讓他趴著，一切以自然的姿勢即可，甚至於手彎著靠在肩膀也無妨。

不過，因這時的嬰兒還無法用自己的意志移動身體，常會出現一手伸直但另一手是彎曲的姿勢；所以，要幫他以手腳左右對稱的姿勢趴著。

這時一旁的媽媽可用手輕輕觸摸彎曲身體趴著的寶寶背部，當然也別忘了和他說說話。

等寶寶的頭微微抽動，改變頭的方向後，即可確定這個姿勢對他而言，是否造成壓迫感。脆弱的嬰兒只要短短的10秒鐘停止呼吸，腦部就會出現缺氧狀態呢！

一開始彎著身體趴著的嬰兒，過不久會伸直背部或四肢，把臉朝向側面。

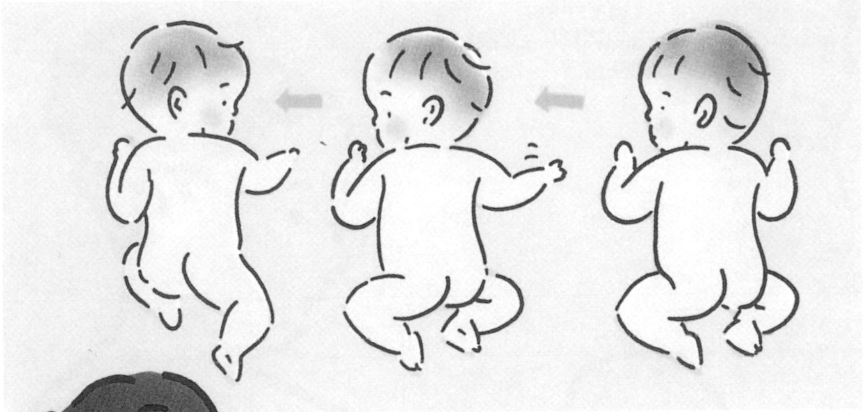

即使是趴著，寶寶還是會出現如同右圖的迷路反射。如果做不出來，可以稍微幫他一下。

注意呼吸是否受到壓迫，再壓著臀部或大腿，輕摸背部，幫他做出手腳的動作。

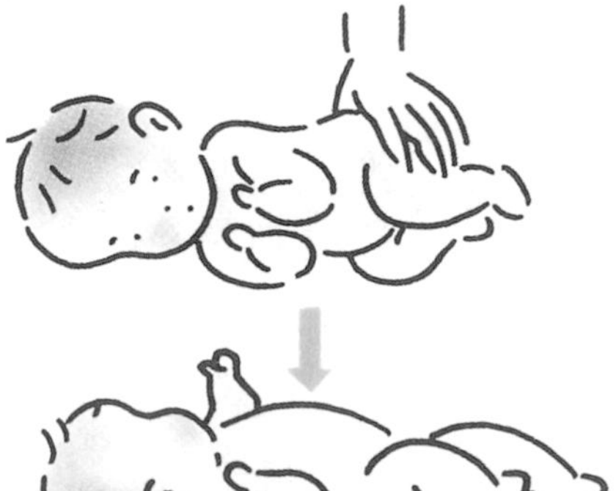

輕輕地改變臉的方向，以臀部為中心，伸直背部，讓他趴著或躺著。

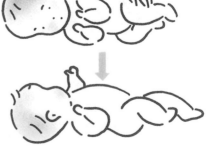

學習手腳運動的沐浴操

讓寶寶洗澡的好處多多，例如，他會從洗澡得到身心紓解的樂趣，養成良好的生活習慣，在水中自由自在地活動四肢，甚至於沐浴後的手腳活動也比較靈活呢！

一個健康的寶寶原本就應該喜歡洗澡；如果不喜歡洗澡，表示之前一定有什麼原因造成他的恐懼。

接下來要介紹讓寶寶喜歡洗澡的方法，以及幫他活動四肢的沐浴操。

首先把寶寶抱到浴缸裡，媽媽用一手的掌心托住他的脖子後側，用手指塞住他的耳朵。這時媽媽的小指頭放在他的下巴，下巴以下全部浸入水中。然後慢慢放開寶寶的身體，讓他的手腳自由活動；這時的姿勢看起來好像在游泳一樣呢！

原本舒適地在水中漂浮的寶寶，萬一哭了，記得馬上抱住他，說些安撫他不安情緒的話。即使寶寶突然受到驚嚇，只要媽媽立即抱著給予安全感，他就會對媽媽產生信賴感。

萬一寶寶哭了，記得馬上抱住他！

寶寶的手腳在浴缸裡自由活動，看起來好像在游泳！

十分有趣的尿褲體操之①

爲幫助寶寶自行活動四肢，不穿尿褲時的體操效果最好。

尿褲體操可分爲三大階段，這裡屬於第一階段，目的是爲了讓寶寶認識尿褲濕了就不舒服的反應。

剛開始的第一天做一次，第二天做二次，第三天做三次；以後次數不再增加。

尿褲體操之①

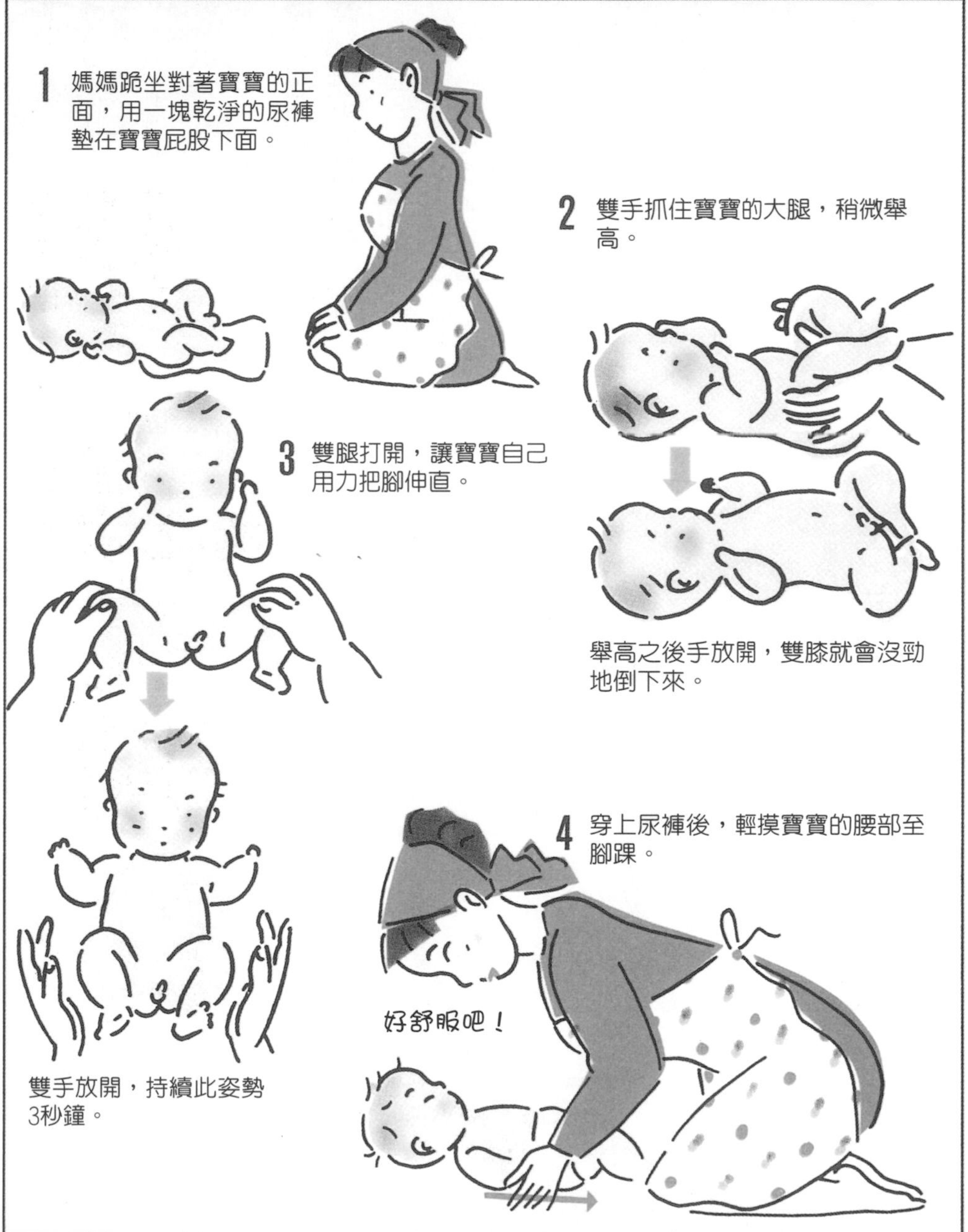
1 媽媽跪坐對著寶寶的正面，用一塊乾淨的尿褲墊在寶寶屁股下面。
2 雙手抓住寶寶的大腿，稍微舉高。
舉高之後手放開，雙膝就會沒勁地倒下來。
3 雙腿打開，讓寶寶自己用力把腳伸直。
雙手放開，持續此姿勢3秒鐘。
4 穿上尿褲後，輕摸寶寶的腰部至腳踝。
好舒服吧！

1個半月～3個半月左右

脖子挺立期

積極表現探索心的時期

透過外在刺激使腦部逐漸發展的時期

進入這個時期的嬰兒，醒著的時間變長，經常環顧四周，發出笑聲，對聲音出現反應，也會用手抓東西。

而且這時期的腦部神經細胞的突起伸展，頻頻製造突觸發揮作用。所以，一旦沒有外在的刺激，就不會發生反應，突起無法伸展，也無法構成突觸，神經迴路受到阻礙，腦部的發展趨於遲緩。

當嬰兒具備了旺盛的好奇心和探索心，一旦受到刺激會激發他的學習意願；所以父母必須提供各種刺激，以促進孩子的反應力。

這時的孩子不單可以處理一種刺激，同時面對多個刺激時，還能反應出協調的行動力。例如，他可以邊看邊聽邊動手；將脖子轉向聲

音的來源，再用眼睛看。

就這樣，孩子經由手的觸摸、眼睛目視或聽聽聲音，增加對外在世界的認知，也逐漸認識了外面複雜的世界。

不斷給予刺激才能獲得良好的反應

談了這麼多，究竟要怎麼做，才能激發寶寶自己產生反應的鬥志呢？

例如，在前一個反射期的寶寶，嘴巴一碰上媽媽的乳頭就會反射性地吸吮；但是，到了這個時期，嘴巴碰上乳頭卻是自己想要吸吮的反應。像媽媽抱起寶寶準備餵奶時，如果停止原有的動作，會發現寶寶還是張開嘴等著吸奶；等嘴巴碰上乳頭，他就開始吸了。

亦即，在他的嘴碰上乳頭之前，他已經有嘴巴會碰上乳頭的預期心理。如果抱寶寶的姿勢出現變化，或者是聽到媽媽說「喝奶囉！」等刺激的感覺出現時，寶寶就能預期做出吸吮的運動。

而且這個運動是越做越熟練。萬一媽媽對他做出餵奶的姿勢，卻沒有餵他喝奶，寶寶無法呈現預期的反應；久了之後，他就忘了這好不容易才學到的預期反應。所以，不斷給予相同刺激是件十分重要的事！

為了激發寶寶學習的鬥志，在他表現反應之後，一定要給他滿足感。比方說，讚美他：「做得好棒！」用言語誇獎他，用手摸摸他，或輕輕拍拍他。如此一來，寶寶為得到這種「滿足感」，就會重複出現反應。

對新鮮會動的東西充滿興趣

在脖子挺立期的重要工作是，強化寶寶的脖子和四肢。

做法很簡單，只要一天數次讓寶寶趴著，即可強化脖子的肌肉，豐富他眼光所及的世界。而且此時期的寶寶不僅是「看」東西，還會一直盯著東西看，對新鮮的事物表現出興趣。

雖說寶寶會對未曾見過的新鮮事物表示興趣，但這並不表示，這些新鮮事物和原有的體驗毫無關聯。

等寶寶會用眼睛追逐移動的物體之後，他的視力範圍跟著加大；如果能向上看的話，就能進一步向旁邊看，充分利用了和以前學會的反應相關的刺激與事物。

仔細觀察會發現，這時期的嬰兒經常盯著自己的手看。像1個月左右的嬰兒，只是偶爾看看出現在自己眼前的手，但等他約6週大，就會把目光朝向自己的手了。

像這樣，嬰兒自發性地注視某物的行動，成為運用雙手有意識行動的基礎，意味著嬰兒的「心理層面」已經開始萌芽了。

刺激感覺器官

視覺・聽覺・觸覺（刺激皮膚）

眼、耳同時使用的脖子挺立期

嬰兒的脖子挺立期也是自發性反應增多的時期；這時嬰兒對於多數的刺激都會有所反應呢！

　而且此時腦部的神經細胞的突起逐漸伸展，變得更形複雜，堪稱是製造突觸的功能最興盛的時期。

　在第一期的反射期，寶寶只會聽聲音轉動脖子；到了第二期，會把脖子轉向聲音的來源處，並用眼睛追逐聲源想要看個仔細。

　例如，當他聽到媽媽發出聲音接近時，他會聽媽媽的聲音，用眼睛找出媽媽的去處，進而理解這就是媽媽逐漸靠近的樣子。

　而且，好像也知道玩具的差異

可給寶寶紅色、發光或會出聲音的玩具，並改變方向或速度讓他的目光追逐。除此之外，多聽音樂或常和他說話也是很好的訓練。

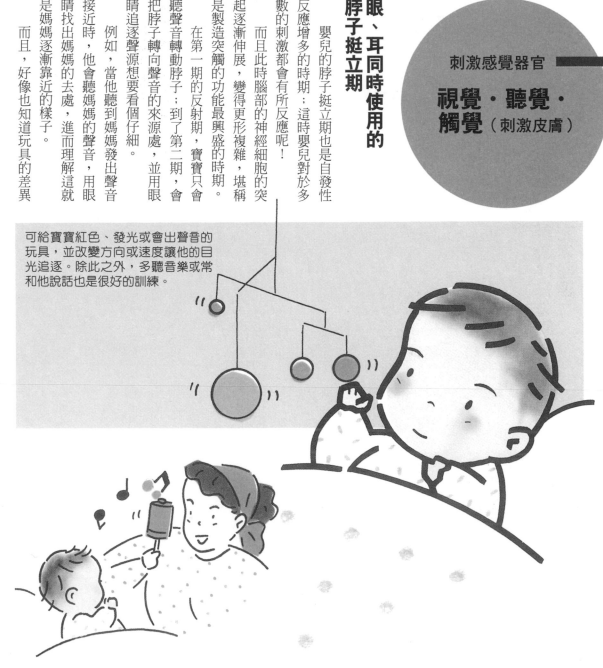

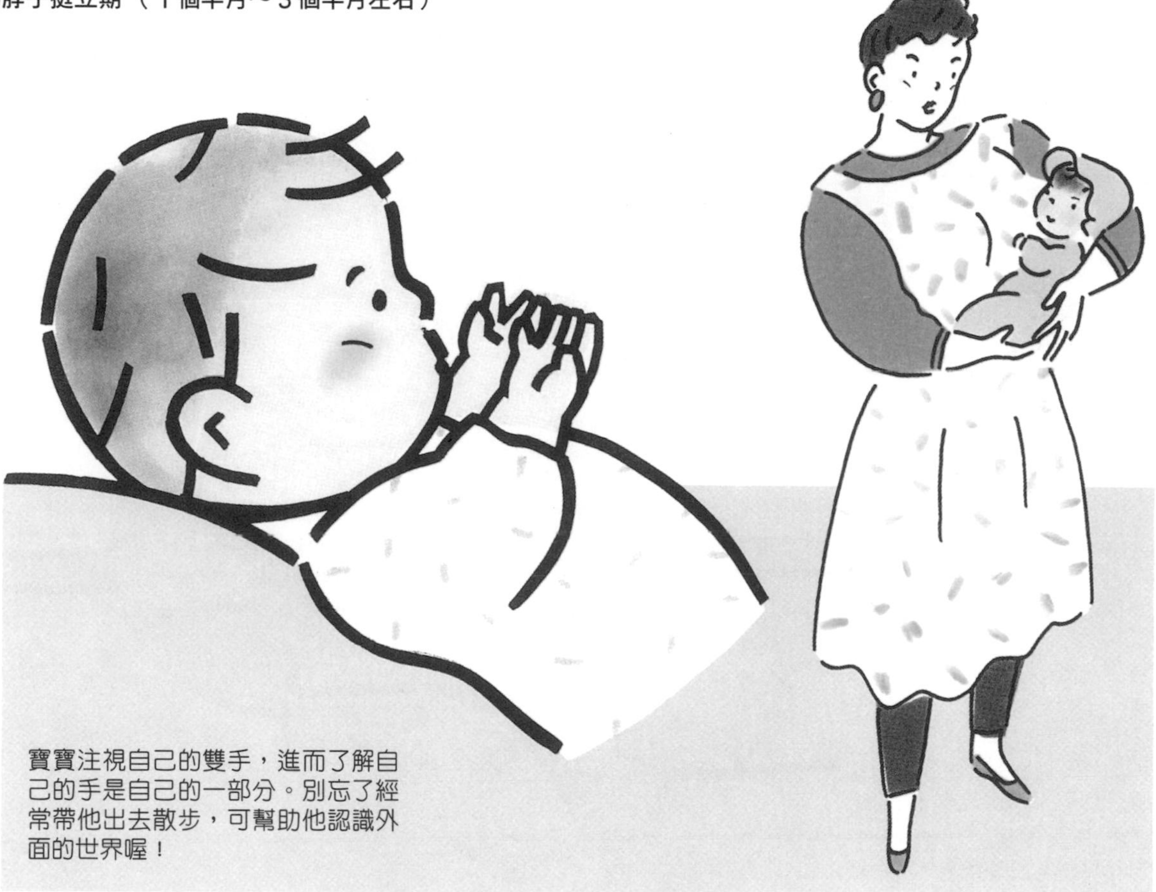

寶寶注視自己的雙手，進而了解自己的手是自己的一部分。別忘了經常帶他出去散步，可幫助他認識外面的世界喔！

或色彩的不同，原本只是看看的玩具，現在也會想用手拿來看一看。

所以，進入這個時期後，需要玩具加強寶寶對外在世界的認知；而且不一定要買高級昂貴的玩具，只要能讓寶寶同時運用手、眼、耳即可。

像一些可以讓寶寶摸摸看、抓抓看，或搖一搖時發出聲音的玩具，都是最好的教材。

注視雙手的動作是心理萌芽的證明

如果說寶寶的心理層面啓蒙於他注視自己的雙手——這種說法一點都不爲過！

即使是出生1個月左右的寶寶，也會把自己的手放在眼睛前面；不過，這時期的寶寶並不是在看自己的手，只是偶爾把手往臉的方向移動罷了。

可是，等他約莫1個半月大，就會把眼睛朝向自己的手，而且次數越來越多，注視的時間也越來越長。像這種注視雙手的行爲，表示單純的反射期已經結束，爲邁入第二期心理層面萌芽的證明。

「嗚…」、「嗚…」可以發出聲音逗弄寶寶給予新的刺激，激發他產生新的反應。

經常給予新的刺激激發他的反應

為增加寶寶對外界的認知，光用看是不夠的；還必須讓他出聲、注視或用手抓取，以加深理解的程度。

媽媽可以微笑地注視著寶寶，發出「嗚……」、「嗚……」的聲音，看看寶寶有何反應？剛開始或許他沒有回應，但重複幾次，發現他也會模仿媽媽發出「嗚……」、「嗚……」的聲音；這時媽媽一定要馬上加以回應。

當媽媽發出「嗚……」、「嗚……」的聲音，微笑地看著寶寶，沒多久寶寶也會正確地發出「嗚……」、「嗚……」的聲音呢！

有時候也可以故意搔他的癢，讓他練習發聲；這時媽媽別忘了要發出聲音喔！

最重要的是，這時期的寶寶需要充分的刺激。所以，可在他的身邊放一些吸引他的新玩具，以免他沒有受到新的刺激，出現挫折感，使得反應變遲鈍了。寶寶針對刺激做出積極的反應，正可促進他的腦

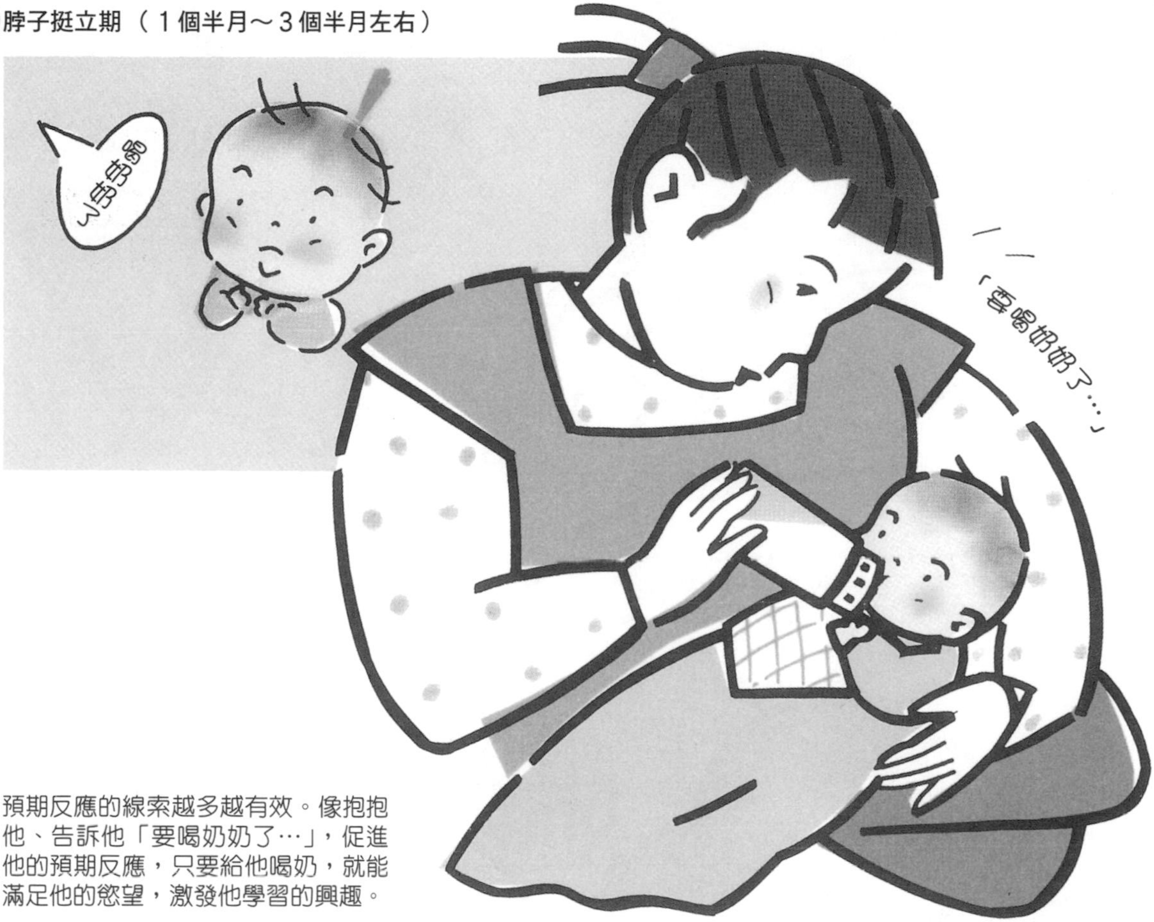

預期反應的線索越多越有效。像抱抱他、告訴他「要喝奶奶了…」，促進他的預期反應，只要給他喝奶，就能滿足他的慾望，激發他學習的興趣。

部發展呢！

預期反應的線索越多越好

進入第二期的寶寶，被媽媽抱起準備餵奶時，他會停下原本玩耍的雙手，等著媽媽餵奶。而且是在嘴巴碰上媽媽的乳頭之前，就已經張開嘴了。

這表示寶寶受到「被媽媽抱起來」、「發出聲音」、「姿勢變了」等刺激之後，可預期接下來就是「喝奶奶」的行動。

這好比寶寶經常被抱起來，就知道該喝奶了一樣，他會有所謂的預期反應，一被抱起就張開嘴等著喝奶。

可是，如果媽媽抱起他卻不餵他的話，寶寶就沒有預期反應，而且會忘了曾經記得的預期反應呢！

所以，抱起寶寶時，記得跟他說：「要喝奶奶了……」，增加他出現預期反應的線索。

誘發運動

手與指頭靈活運用

避免讓寶寶養成只用右手抓東西的習慣，他會自行發現自己擅長使用哪一隻手。

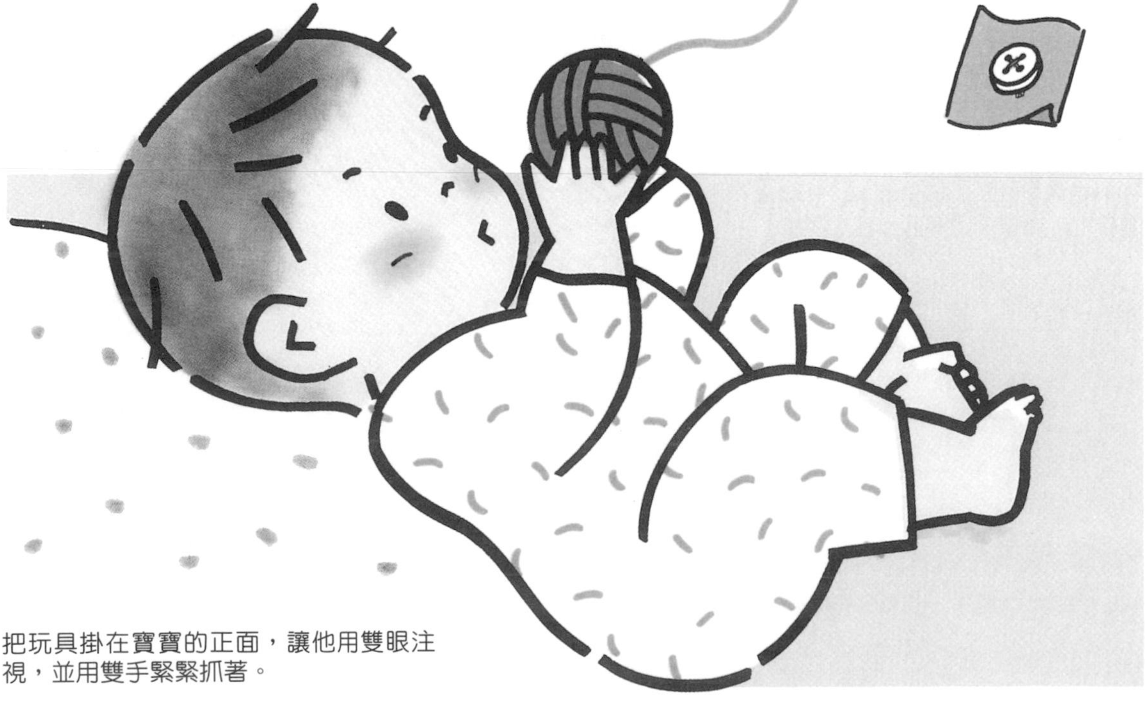

把玩具掛在寶寶的正面，讓他用雙眼注視，並用雙手緊緊抓著。

如果寶寶不太會抓東西，可幫他用手指抓好，再用手幫他扶著或輕輕壓著。他喜歡的玩具儘可能長期使用，效果比較好。

教他做「抓、放」的動作

這時期應該教寶寶一些簡單的抓、放動作。

此時的寶寶隱約知道玩具的顏色或形狀的差異；要注意的是，避免讓他斜眼看東西。要把玩具掛在他可以正面看到的地方，讓他習慣使用左右眼一起看東西。

再者，給寶寶玩具等物品時，剛開始先放在40～50cm處，再慢慢靠近他，於左右任一手可抓到的距離時停下來，等他伸手去抓。要注意因爲寶寶的手很小，給他的東西儘量小一些，最好是用手指可以抓起來的。

例如，可以利用家裡現成的東西，如縫在衣服上的鈕釦、充分洗淨的瓶蓋穿上線、小海綿、原子筆蓋或鑰匙等等，綁在嬰兒床的欄杆上，或吊在寶寶的眼睛前面，方便他去抓取。

雙手協調運用的訓練十分重要

如果這時寶寶還不會自己伸出手來，可把東西放在他的胸前，讓他用雙手抓著；或者是把東西放到他看得見的地方，讓他注視著。這時寶寶用單手抓著也無妨，但是避免只用右手抓。

若仔細觀察寶寶的反應，可能會發現他比較擅長用哪一隻手。

剛出生的嬰兒仰躺醒著時，超過8成習慣朝右邊看，這些嬰兒大都是右撇子；反之，向左看的時間很長的嬰兒，會成爲左撇子。

試著把玩具放在嬰兒左右手均可抓到的地方，哪一隻手比較常用，表示他擅長用哪一隻手。但即使已經知道寶寶是右撇子或左撇子，做各種訓練時還是要著重雙手的協調性。

迷路的刺激

俯臥運動可訓練肌肉的緊張與放鬆

俯臥運動是一種可以讓寶寶的肌肉緊張與放鬆的訓練；正確的姿勢是脖子挺起、背部伸直、挺胸、雙手打開。

首先讓寶寶趴著，挺起上半身；這時要注意，雙手和雙腳不論打開或緊握，姿勢都要一致。

當寶寶的手腳開始移動後，輕壓他挺起身體而用力的背部，幫他把身體挺起來。

等寶寶沒力了身體放鬆、頭碰到地板後，再輕輕地撫摸他的背。當寶寶慢慢會全身用力，挺起身體時，媽媽可在一旁喊著「一、二」的節拍。只要一天做一次這種訓練的話，就能教寶寶如何以自己的意志用力或放鬆，大幅增加他動作的種類。

讓寶寶俯臥，四肢打開，輕壓他的背部，讓他的身體往後仰。

寶寶累了的話，讓他趴在地上，輕輕撫摸他的背部。

尿褲體操之②

這是一種利用寶寶換尿褲時，伸展或彎曲四肢的訓練；一般而言，寶寶都會喜歡這種運動。

尿褲體操之②

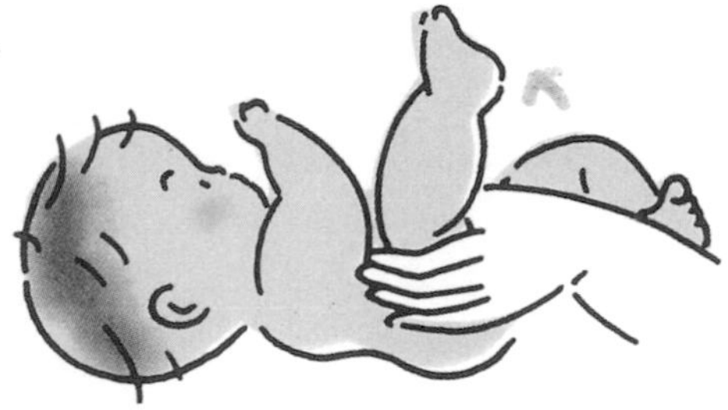

1 邊數「1、2」，舉起寶寶的大腿（單側）再彎曲。

2 幫寶寶把腳伸直。

3 撫摸寶寶的臀部，搔他的腳底，讓他自己彎腳、伸直，活動身體。

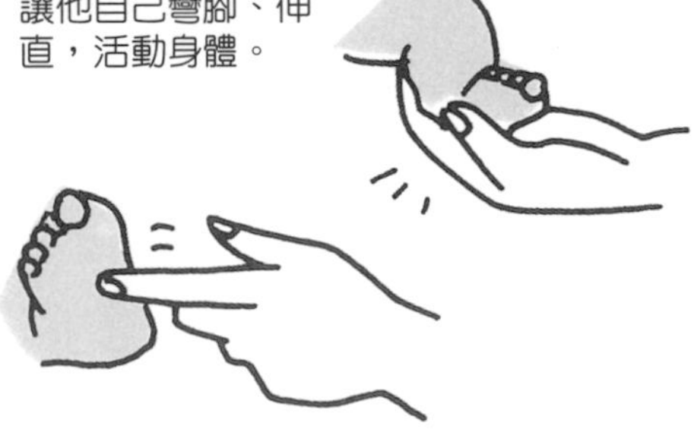

4 雙手於肩膀處彎曲。

5 雙手向兩邊打開。

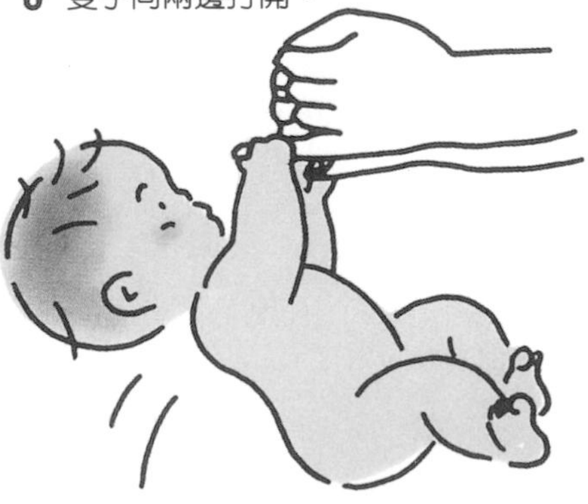

6 手部體操——讓寶寶抓著媽媽的左右小指頭，輕輕拉起來，再慢慢放下去。

打開世界的窗
（增加對外在世界的認知）

讓寶寶學習等待

「躲貓貓」遊戲可鍛鍊前額前野

「躲貓貓」遊戲是一種可以有效提昇智能的訓練。寶寶的大腦越常動就會越靈活，而這種訓練正可以鍛鍊腦部的前額葉，積極培育出一個聰穎的孩子。

重點是一天至少做五次；像這種親子一起參與的遊戲，不僅可活動寶寶的腦部，還可促進親子間的默契，養育一個情感豐沛的孩子。

做法是先讓寶寶躺著，用一塊半透明的紗布蓋在他的臉上，再馬上把紗布拿掉。這時媽媽要一邊喊出「啪」和「叭」的聲音，助長遊戲的氣氛。然後逐漸加長掩蓋紗布的時間，等寶寶的腳開始踢來踢去呈現焦急狀態，再「叭」的一聲拿掉他的紗布，讓寶寶看到媽媽微笑的臉。這個遊戲的要訣是，在寶寶出現焦急情緒之前，不可拿掉他的紗布。

寶寶透過這個遊戲，學會以自己的意志活動他的手腳，再進一步學習到只要移動四肢，紗布就會被拿掉的期待。

延遲反應的訓練有益腦部

嬰兒爲了順利的呼吸，會本能性地保護自己的鼻子。當他的鼻子被堵住後，會側過頭使呼吸保持順暢。所以，以上的紗布訓練，可以讓寶寶知道即使蓋著紗布還是可以呼吸，並把訓練的時間慢慢加長。

像這種期待某事發生的時間等待行爲，稱爲「延遲反應」，屬於前額葉最基本的功能，越早使用的話，前額前野就能充分發展。

作業記憶是思考力的基礎

重複進行這個「躲貓貓」遊戲後，寶寶一時間會學到只要移動四肢，臉上的紗布就會被拿掉，而看到媽媽的笑臉。

像這樣爲了某個目的，而一時間記住的記憶稱爲「作業記憶」；這種記憶不同於記住英文單字、國字或昨天的事情等等，以腦部的前額前野加以記憶。

像一個已經會爬行的小嬰兒，會因爲想要玩玩具箱裡的球，而去拿球。如果他沒有記住「拿球」這件事的話，就不會去玩具箱找球。爲了遊戲而記住的事正是所謂的作業記憶；而像「躲貓貓」遊戲的反應，也是前額前野的作業記憶發揮作用的結果。

一般的成人會利用前額前野的作業記憶，進行思考與判斷；作業記憶也是前額前野發揮功能的重要記憶呢！

從寶寶2～3個月大左右，就可以開始做這種記憶訓練了。

延遲反應也是作業記憶的課題之一。在「躲貓貓」遊戲中，蓋住紗布的時間逐漸增長後，作業記憶運用的時間也會增長，寶寶學會了「等待」，進而鍛鍊了前額前野，提高寶寶的智能。

脖子挺立期（1個半月～3個半月左右）

取一塊薄紗輕蓋於寶寶臉上，邊說「叭」地一聲掀起薄紗。這時媽媽要靠近寶寶，露出微笑喔！

重複2～3次後，加長覆蓋時間，等寶寶四肢亂動再拿掉紗布。

等他手腳亂動才拿掉紗布，訓練寶寶學會「等待」。

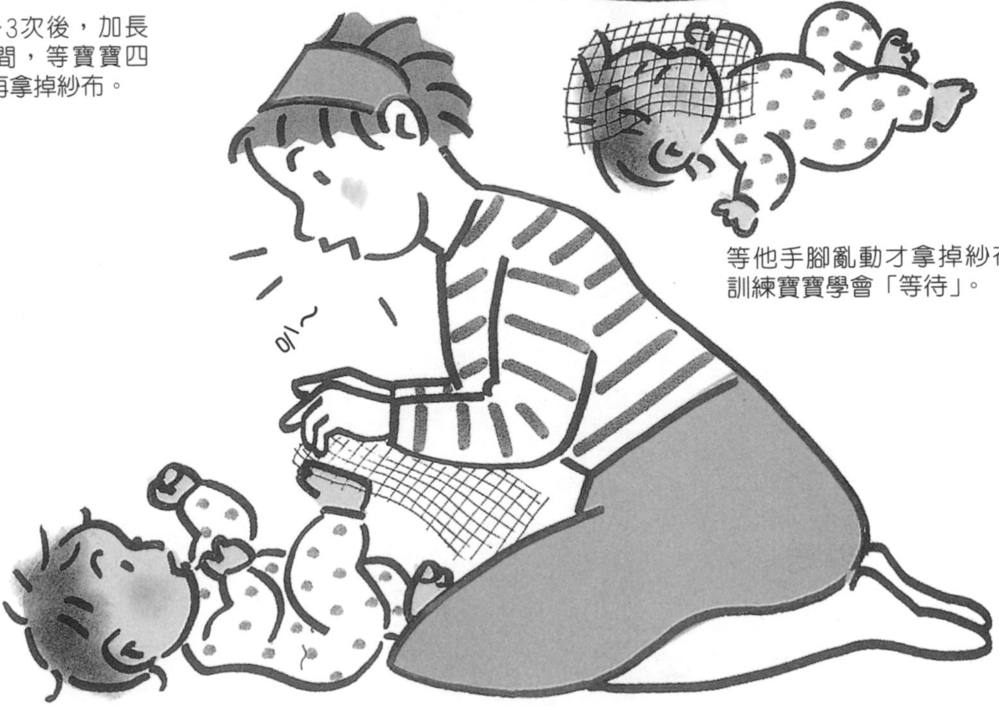

教寶寶進食

先吸母奶或牛奶以外的液體食物

這時期可以開始訓練寶寶利用吸吮反射與吸吮反應，以吸管喝一些母奶及牛奶以外的液體食物。

剛出生的嬰兒會以反射動作吸吮媽媽的乳頭，也會吸其他碰到嘴巴的東西。所以，嘴巴一碰上吸管，應該也會牢牢吸住才是。

不過，因爲要用力才能吸出吸管裡的空氣，或許一開始有些寶寶還無法把液體吸進嘴巴；或者是因爲吸得太用力，反而嗆到了。若有上述的狀況，先停止用吸管吸吮液體，讓他熟悉吸管再試試吧！

寶寶剛洗完澡，需要補充水分的時候，最適合進行吸管練習。

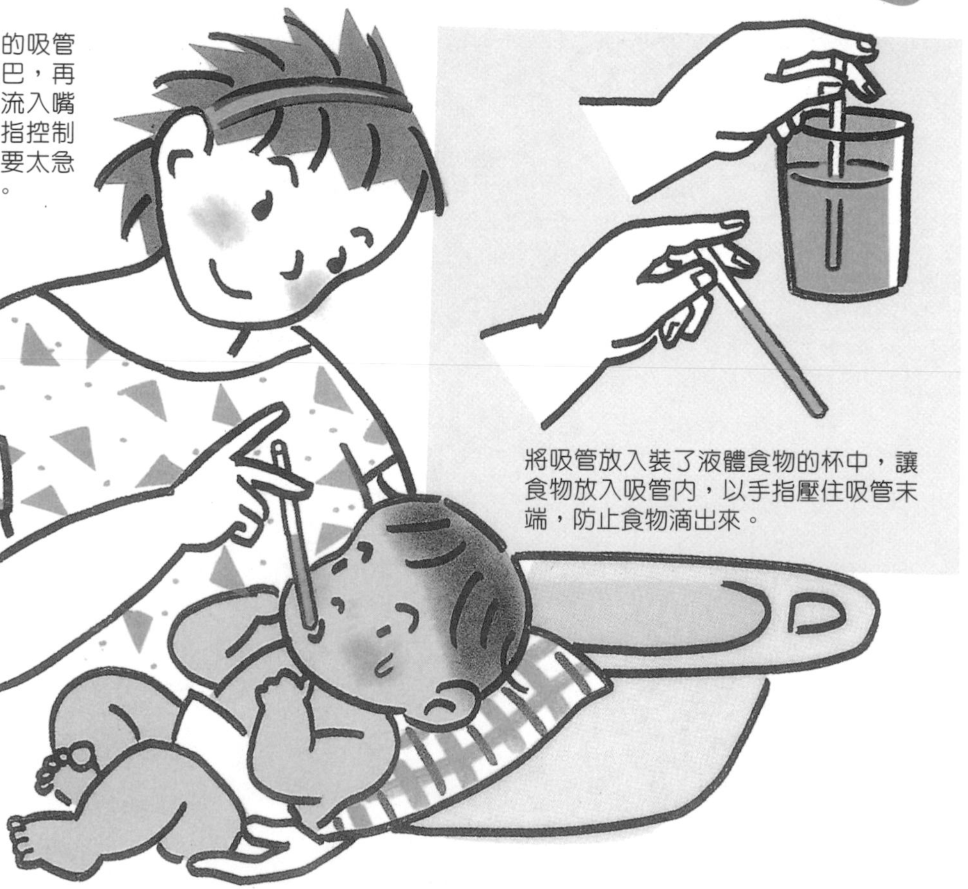

將吸管放入裝了液體食物的杯中，讓食物放入吸管內，以手指壓住吸管末端，防止食物滴出來。

把裝了液體食物的吸管輕放於寶寶的嘴巴，再放開手指讓食物流入嘴裡。這時可以手指控制食物的流量，不要太急以免寶寶嗆著了。

用吸管記住舌頭、嘴巴的形狀和呼吸規律

當寶寶學會直接用吸管吸取杯子內的液體時，他就會知道「吸」與「喝」的不同。

如果寶寶了解吸吮方法的差異，就能進一步做出比較複雜的動作。好比喝奶時舌頭要捲起來，用吸管喝時，舌頭要放平，否則就吸不到了。

除此之外，因爲雙唇若不緊閉就吸不起來——這也能讓寶寶學會做出一個沒有空隙的嘴型。

透過吸管得知舌頭和嘴巴形狀的寶寶，更進一步學會了新的呼吸規律。經由吸、吐、再次吸氣時吸取液體的呼吸規律，有助於接下來教寶寶各式各樣的動作。

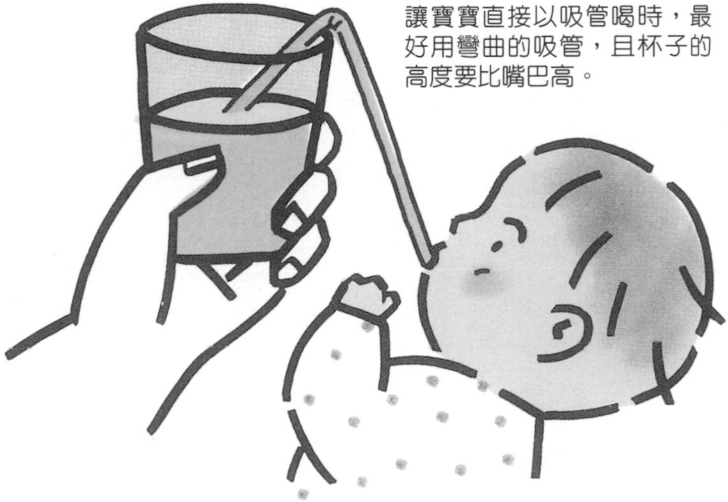

讓寶寶直接以吸管喝時，最好用彎曲的吸管，且杯子的高度要比嘴巴高。

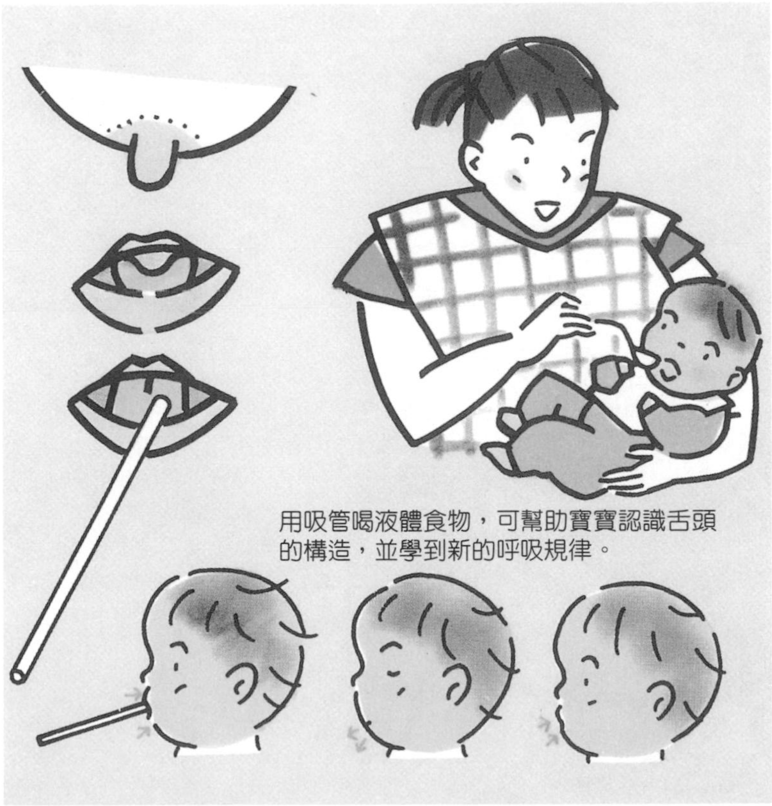

用吸管喝液體食物，可幫助寶寶認識舌頭的構造，並學到新的呼吸規律。

3個半月～5個半月左右

坐立期

充滿好奇心的時期

強化腿腰的肌肉有助於儘早學會坐立

這個時期的寶寶不論脖子或四肢，都有一定的發展強度；一天有大半的時間都醒著，好奇心及探索心更爲旺盛。

尤其是對眼裡的東西、感興趣的事物，都想要去摸一摸、抓一抓呢！

除此之外，他還會四處觀察，趴在地上抬起脖子、或躺下、或翻身，在這個時期結束之前，快的話還學會坐立。

寶寶要學會坐，腰部肌肉一定要會用力；所以可先讓他趴著，以大腿和手肘做匍匐前進的練習。

當寶寶匍匐前進挺起脖子後，迷路受到刺激四肢反射性地伸展，稱之爲緊張性迷路反射；它和緊張

性頸部反射都是嬰兒學習站立的重要姿勢。

而所謂的緊張性頸部反射，就是抬起頭活動頸部的肌肉後，位在頸骨間關節的感覺器官，或肌肉的感覺器官受到刺激，手一伸出背部成弓形的反射。

這一類的姿勢反射，並不像剛出生的寶寶與生俱來的吸吮反射一般，一受到刺激就會出現，而是必須有一定的肌力才會發生。

此一反射爲寶寶或坐或站的必要條件，所以一定要強化其背部、四肢或腰部的肌肉，多加訓練、利用這些反射動作。

預測即將發生的事 延伸看穿事物的能力

而在另一方面，坐立期的寶寶最重要的學習就是，預測即將發生的事，延伸看穿事物的能力。

能用眼睛追逐移動的物體的嬰兒，已經知道過去、現在及未來的關係，必須學會預測即將發生的事的能力。

而所謂看穿事物的能力，即大腦的前額前野的作用。因爲腦部的神經迴路發展十分迅速，必須給予更多刺激，促使出現反應，進而促進發展。

如果寶寶可以預測看得見的東西、聽得到的事物、接下來的動作等等，都是未來提昇能力的基礎。

例如，當手中的球掉落時，可以預測掉落的地點，先把眼睛轉到那個方向去；或者是把玩具汽車推向暗處，預測它會從哪裡跑出來——透過這些遊戲，培養孩子的預測感。

像這樣，預測即將發生的事，促進腦部的發達爲這個時期必要的訓練；重點是要重複進行某一種訓練，直到寶寶學會了。在寶寶尚未完全學會之前，若任意教他各種訓練，對腦部的發展並無太大的幫助，最後可能讓他變成無法專注於一件事情的孩子。

抓小東西的訓練 對腦部發展十分重要

仔細觀察那些好奇心和探索心特別旺盛的寶寶，會發現他們的手實在動個不停。不論是抓、握東西或把東西放進嘴裡，都常用玩具製造遊戲的樂趣。

這時寶寶的手變得比以前更有力，可以抓取重物或大型物品，但指頭的抓取動作還不嫻熟。

亦即，這時的寶寶還不太會用手指一根一根地抓東西。寶寶藉著手指頭的運動刺激腦部，進而讓手指的運用更加靈活。再者，伸手抓取眼睛所見的物品的動作，屬於相當複雜的能力，對腦部的發展是十分重要的訓練。

寶寶這時十分好奇，必須常用新玩具激發他的興趣；像不會摔壞的、會發出聲音的或觸感柔軟，即使放到嘴巴也沒有危險性的玩具。

刺激感覺器官

視覺・聽覺・觸覺

學習更複雜的顏色或形狀激發興趣

這時的寶寶一天中有半天以上的時間都醒著，對外界抱著更多的好奇心。

不論他是躺在床上、坐在地上，眼睛都是不斷地觀察周遭；對於感興趣的東西，還會伸出手抓一抓，做進一步的「研究」。

此時最重要的訓練課題就是——使用雙手；雖說他已經會抓取物品，但力道不足，必須透過練習或遊戲才能抓取較大或較重的東西。

不過，這時寶寶很喜歡把抓到的小東西放到嘴巴，媽媽或其他的家人可得特別注意，小心別讓他噎著了。

以預測遊戲或運動促進腦部的發達

用眼睛追逐移動的物體的寶寶，會預測即將發生的事，腦部的發展十分發達；這也是開始訓練寶寶了解現在、過去與未來的時間關係的重要時期。

試著拿球讓他玩玩看！當球即將落地時，他已經把視線移到球會掉落的地點。這表示寶寶能由球掉落的方向，預測它即將掉落的地點；亦即，他具有看穿即將發生的事物的能力。

一聽到音樂，就會把頭轉向聲音的來源。

看穿事物的能力為大腦的前額前野的作用。為促進這方面的發展，必須提供預測看得見的東西、聽得到的事物、接下來的動作等等遊戲或玩具給他。

寶寶用眼睛追逐球滾動的方向。

訓練五感是促進感性的不二法則

當寶寶的生活作息出現規律，可以獨自坐著時，寶寶的大腦不再那麼單純，整個的思考能力都大有進展。

如果媽媽沒有培養良好的觀察力，發現寶寶今天又比昨天有更驚人發展的話，寶寶的進步恐怕會受到阻礙。

這時的寶寶對玩具展現極大的興趣，即使一個人也玩的很開心。像利用指尖玩耍、注意聲音的來源等，都是十分重要的訓練。

想培養寶寶的感性因子最重要的是，不要單單刺激某一種感覺，也要刺激其他的感覺。比方說用手摸的玩具也拿來敲出聲音，同時訓練視覺、聽覺和觸覺，讓寶寶更容易知道那是什麼玩具。

當寶寶聽到後面爸爸、媽媽的叫聲，就會把臉轉過去，將父母的樣子植入腦海中，再分辨他們的聲音，過不久就能聽懂語彙的意義。

再者，即使讓寶寶聽音樂，也不要只是放ＣＤ或卡帶，最好加一

不只是一種感覺，若能刺激五感的話，寶寶會十分感性。尤其是培養規律感更有助於聽覺的發展。其他如視覺、觸覺或語彙也是很好的刺激。

坐立期（3個半月～5個半月左右）

輕撫媽媽的臉、手或衣服，培養質感，並常和他說話。

些可以讓身體活動，學習節奏感的東西，效果比較好。

當然，背著寶寶唱唱催眠曲或他喜歡的歌曲，再帶他散散步，都有助於培養他的感性氣息呢！

除此之外，還可以讓他摸摸些玩具記住它們的觸感，或摸摸媽媽的臉、衣服，感受其質感或觸感的不同。

這時的媽媽如果再發出「嗚……」或「咕基……咕基……」的聲音，更能促進寶寶語言的發展。

五感訓練法

和他說話，幫助他了解姿態、外型或聲音的差異。

抱著寶寶照鏡子，讓他意識到自我的存在。

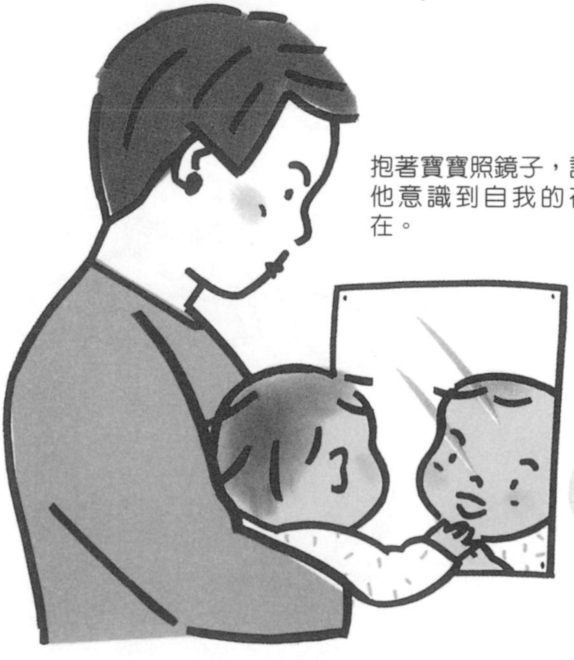

觸覺・情緒的發展

肺活量越大哭聲越響亮

當寶寶自己一人玩了20分鐘，且是心情愉快地坐著——這表示他可把專注力集中於腦部使用。

這時媽媽要訓練他，即使一個人坐著也不會覺得厭煩，而且時間可以越坐越長。如果寶寶熱中於獨自玩耍的時間加長，相對地就有更多的時間想出一些簡單的遊戲。

一個身心發展良好的寶寶應該是，醒著的時候眼睛靈活地四處轉，探索外面的世界；而睡著的時候就靜靜地入睡，不吵也不鬧。這種嬰兒不會突然嚎啕大哭，只會大聲哭泣，然後若無其事地眼觀四面耳聽八方。爲了寶寶的頭腦發育著想，應該培養一個「會大聲哭」而

身心健康的嬰兒應該是能吃能睡能哭，能自己玩20分鐘，眼神靈活好動。

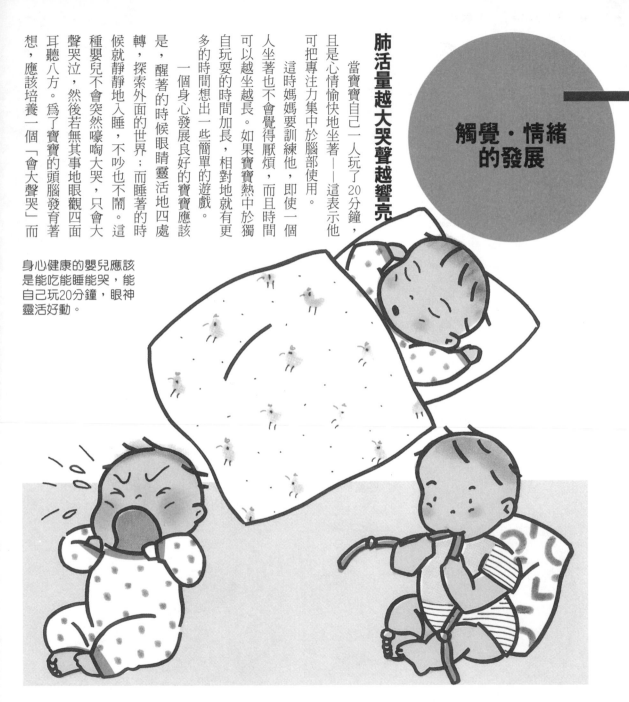

非「愛哭」的孩子。

只要哭的有規律 大聲哭也無妨

從嬰兒哭泣的方式，可以得知他的身心健康狀態。不管是男生或女生，只要是力道集中、情緒豐沛、肺活量大的孩子，哭聲都會很響亮。

雖不知寶寶爲何哭泣，但他邊哭邊顯示出不對勁的地方——媽媽對這種哭法不必緊張，可以忙完手邊的工作再看看他。如果是身體不適的哭泣，哭聲一定有氣無力。若是以「哇……」、「哇……」一定的規律哭泣，不管他哭的多大聲都不要理他；等他快哭完聲音有一陣沒一陣時，再過去輕聲地安撫他。

最好不要一哭就抱，以免寶寶養成被人抱的習慣。

若以一定的規律哭泣無妨。突然嚎啕大哭的話，要注意是否哪裡有問題；若邊哭邊停，表示撒嬌，少抱他以免養成習慣。

乖…別再哭了！

等他哭完再過去抱抱他，安撫他的情緒。

誘發運動

手與指頭靈活運用

媽媽看到不行放入嘴裡的東西時，要告訴他：「不可以」；讓他繼續拿在手上但離開嘴巴。

利用一些小東西，訓練寶寶用手指頭（尤其是拇指）抓起來。

用指尖抓物 學習搯的動作

這時期的手部訓練重點是，用一根一根的手指頭抓東西；尤其是加強拇指的用法促進腦部的發育。隨著指尖的靈活運用，寶寶也會呈現出驚人的發展。而這種指尖的運用方式，並不同於捏捏臉頰之類的指尖用法。

訓練手指頭最重要的是，在寶寶的玩具中，加入小型可以搯住的小東西。

例如，鈕釦、小珠子或硬幣等等，都是最適合用來訓練嬰兒指頭

準備一些可以訓練指尖的玩具，像繩子、串珠或其他安全的日用品。

的玩具。但是，衆所周知，這些東西若放入嘴裡十分危險。所以，若要拿這些東西當作訓練教材，媽媽的視線絕不可以離開寶寶。

萬一寶寶把東西拿到嘴邊，媽媽要輕敲他的手告訴他：「不可以放嘴巴喔！」並將東西遠離嘴邊。幾次之後，寶寶就會知道絕對不可以把這類危險的物品放入嘴裡。

立即把東西放入嘴巴表示指尖訓練過早

如果你發現寶寶一件東西玩沒多久就放入嘴裡，這表示就他的感覺而言，口腔的感覺重於一切。

這也意味著他的指尖訓練似乎太早了；不妨多給他一些較大的玩具，讓他多做抓、握、放等的練習動作。

試著給寶寶較大的玩具或奶嘴，觀察他放入嘴巴是因爲嘴饞，或是想藉嘴巴確定東西爲何。如果他是用嘴巴確定東西，可以等他玩一陣子，再給他新的玩具。

寶寶趴著頭部抬起，刺激迷路伸展四肢。利用這種反射動作，擺出匍匐前進的姿勢。如此一來，即可強化四肢與腰部的肌力，幫助他早點學會坐立或走路。

迷路的刺激

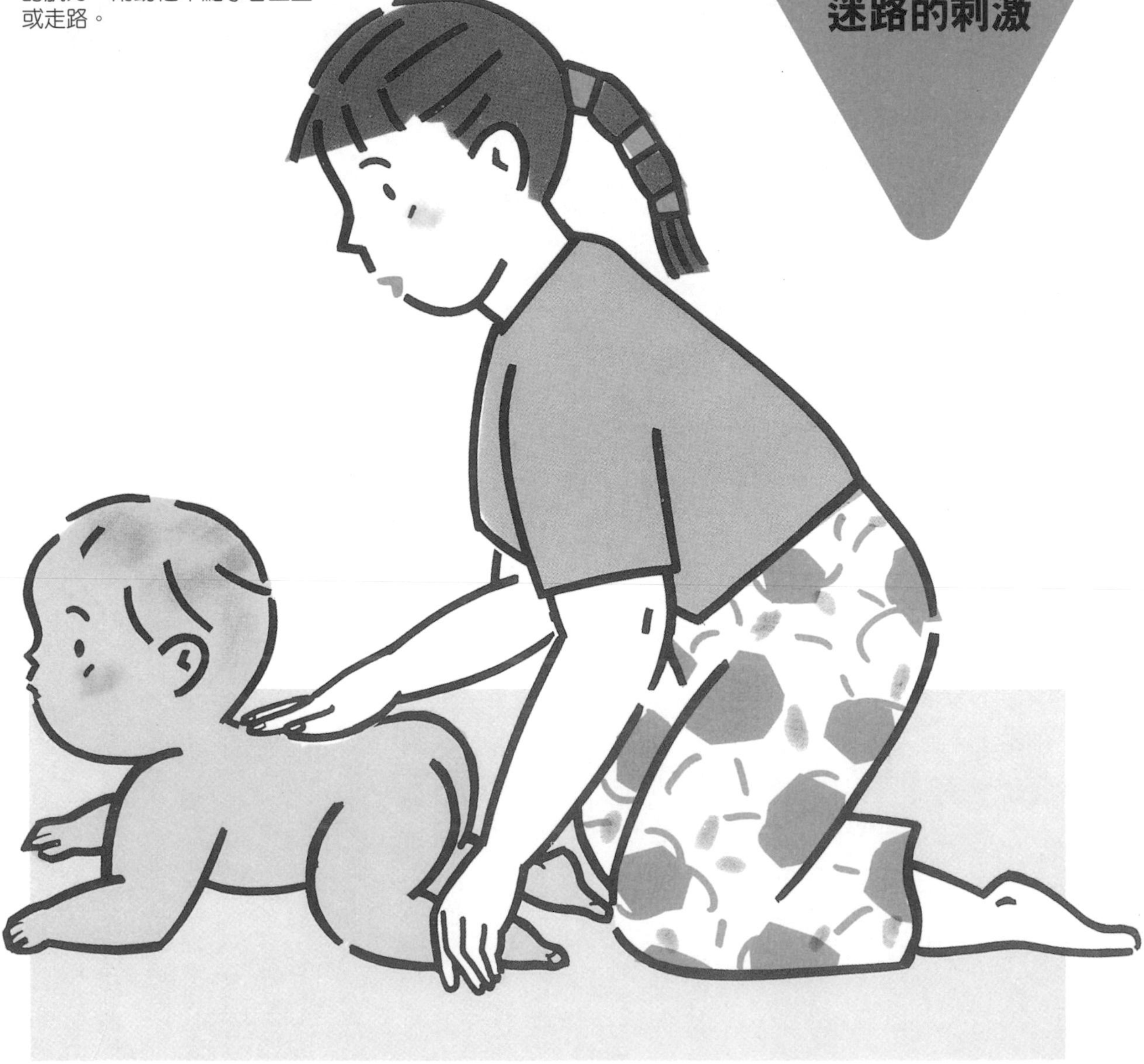

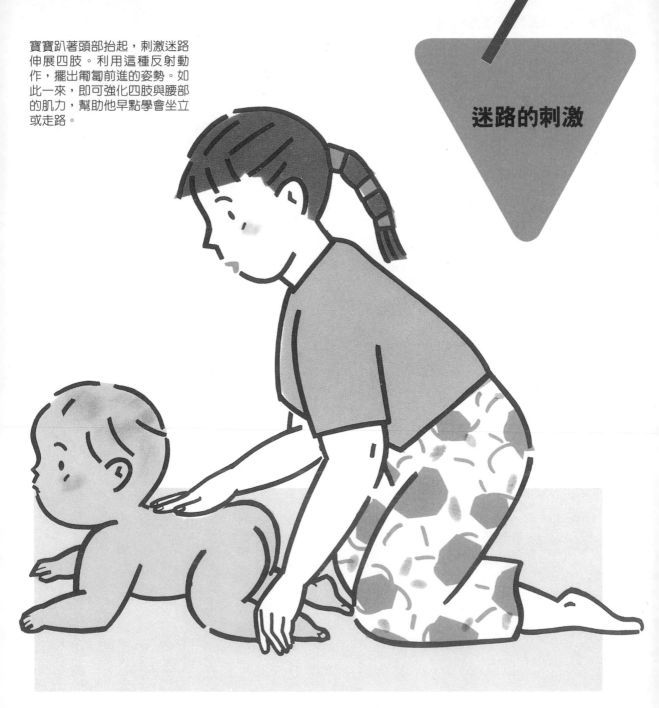

匍匐前進姿勢可增加腰力

我們坐著的時候一定要用到腰力。這時期應該加強寶寶腰部或背部的肌力，才能讓他早日坐著。

首先利用姿勢反射，讓寶寶從趴姿變成匍匐前進的姿態。當寶寶趴著時，背部及四肢的肌肉出現開始運作似地反射；然後他會抬起頭，耳朵內部的迷路受到刺激，四肢伸展，背部成弓形，稱之爲緊張性迷路反射。

只要多練習這類可以出現這種反射的姿勢，經過一段時間，背部、腰部或四肢的肌力一定會增強，很快地他就會坐了。

所以，常常讓寶寶匍匐前進，刺激他的迷路，都是幫助他早日坐立的重要練習呢！

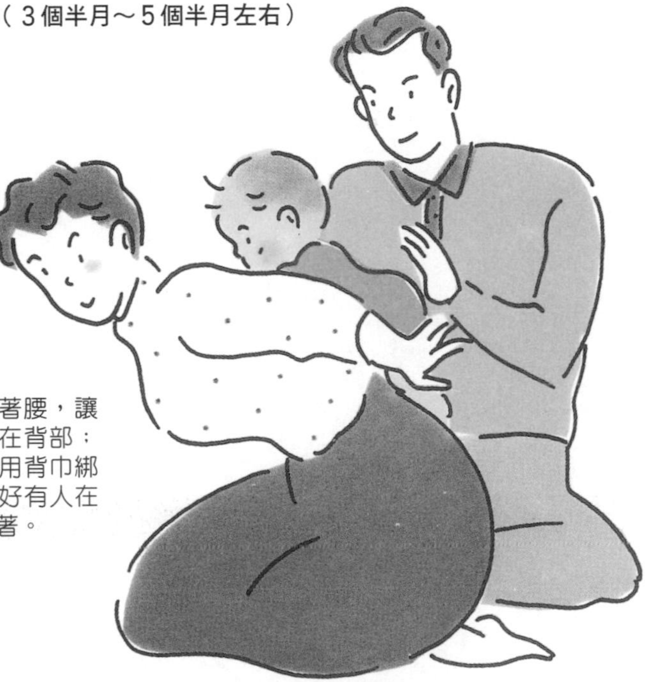

媽媽彎著腰，讓寶寶趴在背部；因為不用背巾綁住，最好有人在一旁扶著。

無背巾背法培養運動感

不使用背巾的背法，在訓練寶寶的運動感上具有一定的功效。嬰兒原本就很喜歡被背著的感覺；乍見之下，被背著好像不太舒服，其實一點都不會。

但是不用背巾的話，因寶寶的手力不足，無法緊緊地抓在媽媽的背上。

等寶寶習慣被媽媽用背巾綁在背上，就可以背著他四處活動了。

所以，想嘗試這種背法的話，媽媽要先彎著腰，讓寶寶如趴著般貼近媽媽的背部。

然後，媽媽用手扶著寶寶的腰部，慢慢直立起來；只要這時寶寶會纏在媽媽的背部，表示完成這種背的動作。

碰上這種背法訓練時，有些寶寶會力求平衡不讓自己從媽媽的背部滑下來；但也有些寶寶會拱起身體，從媽媽的背部滑了下來，這表示他的背法訓練太早了，還需要多加練習。

當寶寶習慣這種無背巾的背法，媽媽就可以把他背在背上，試著慢慢地走一走。若是他能夠緊貼於媽媽的身體，這表示他已經知道，如何讓自己契合於媽媽背部彎曲的幅度。

為了培養寶寶的運動感，這種無背巾的背法值得一試！

有背巾背法的作用

當寶寶學會被媽媽背在身上，身體能緊貼於媽媽背部時，再嘗試綁上背巾的背法。

不過，有時為了保護寶寶，可

●尿褲用安全別針繫住，或者是幫他穿上褲子。

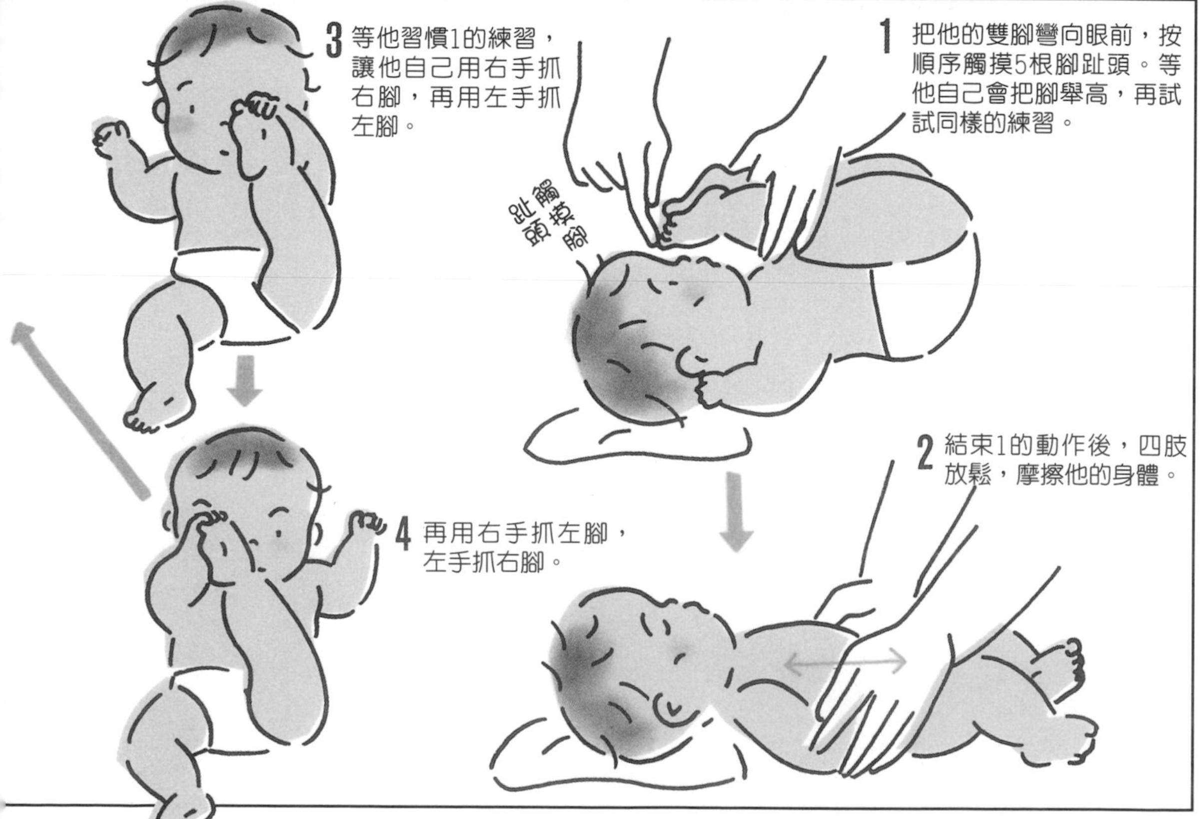

1 把他的雙腳彎向眼前，按順序觸摸5根腳趾頭。等他自己會把腳舉高，再試試同樣的練習。
觸摸腳趾頭
2 結束1的動作後，四肢放鬆，摩擦他的身體。
3 等他習慣1的練習，讓他自己用右手抓右腳，再用左手抓左腳。
4 再用右手抓左腳，左手抓右腳。

依媽媽的情況選擇不同的背法。

訓練腰力和手力 尿褲體操之③

等寶寶即使放開扶著的手，也不會向前傾倒，而能穩穩坐著的時候，必須積極進行足部的屈伸運動。

這種運動可以刺激腦部，培養出更好的運動能力；就尿褲體操而言，利用寶寶換尿褲時進行，效果最好。

之前的體操都把寶寶的大腿向兩側打開彎曲，現在則要雙腳併攏，朝臉部貼近；最好是讓他的腳尖可以碰到頭。

接下來用手抓著腳——先右手抓右腳，左手抓左腳，彎向頭部；然後左右交換，右手抓左腳，左手抓右腳。

這種運動一天約做2～3次即可；這不僅能增加腰力和手力，也能對不自然的姿勢加強耐力。

尿褲體操之③ ●飯後一小時以上再做

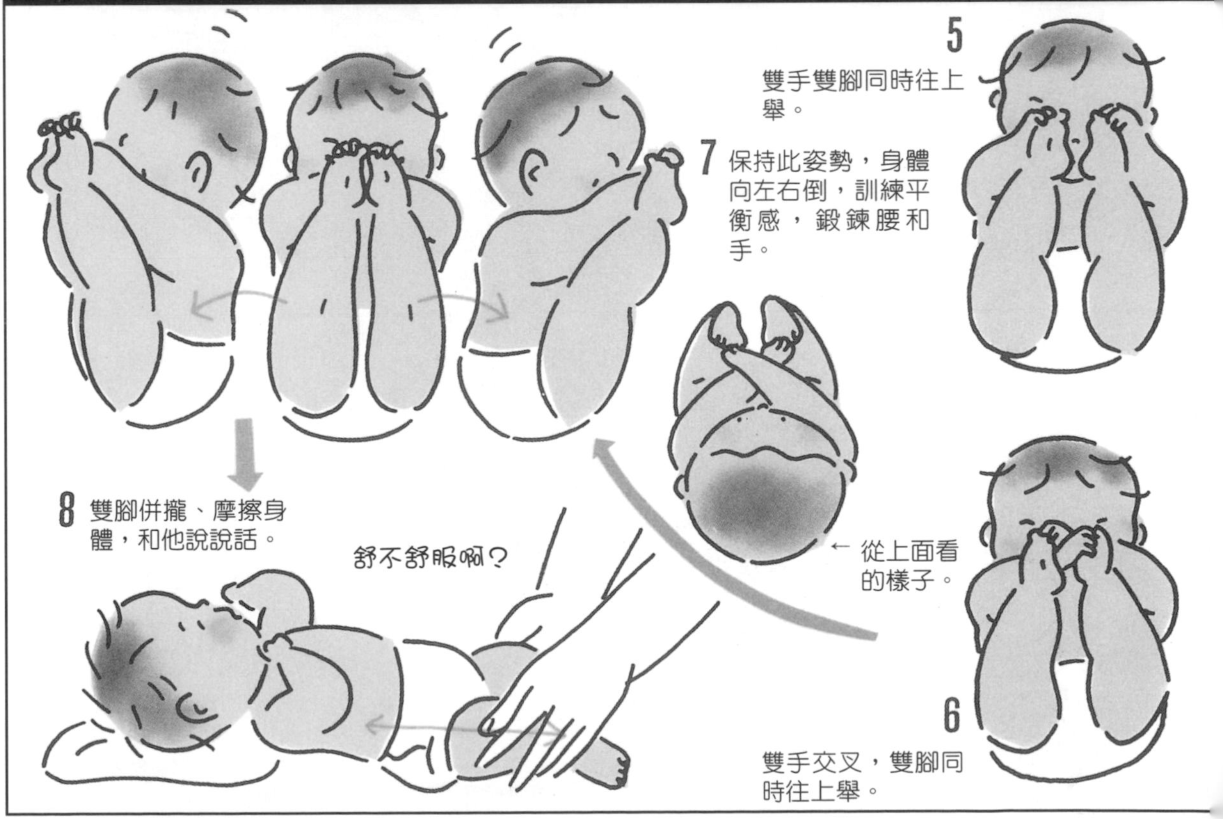
5
雙手雙腳同時往上舉。
6
雙手交叉，雙腳同時往上舉。
← 從上面看的樣子。
7
保持此姿勢，身體向左右倒，訓練平衡感，鍛鍊腰和手。
8
雙腳併攏、摩擦身體，和他說說話。
舒不舒服啊？

足部靈活運用

輕推腳底彎曲他的雙腳，讓他學會用自己的力量把腳伸直。

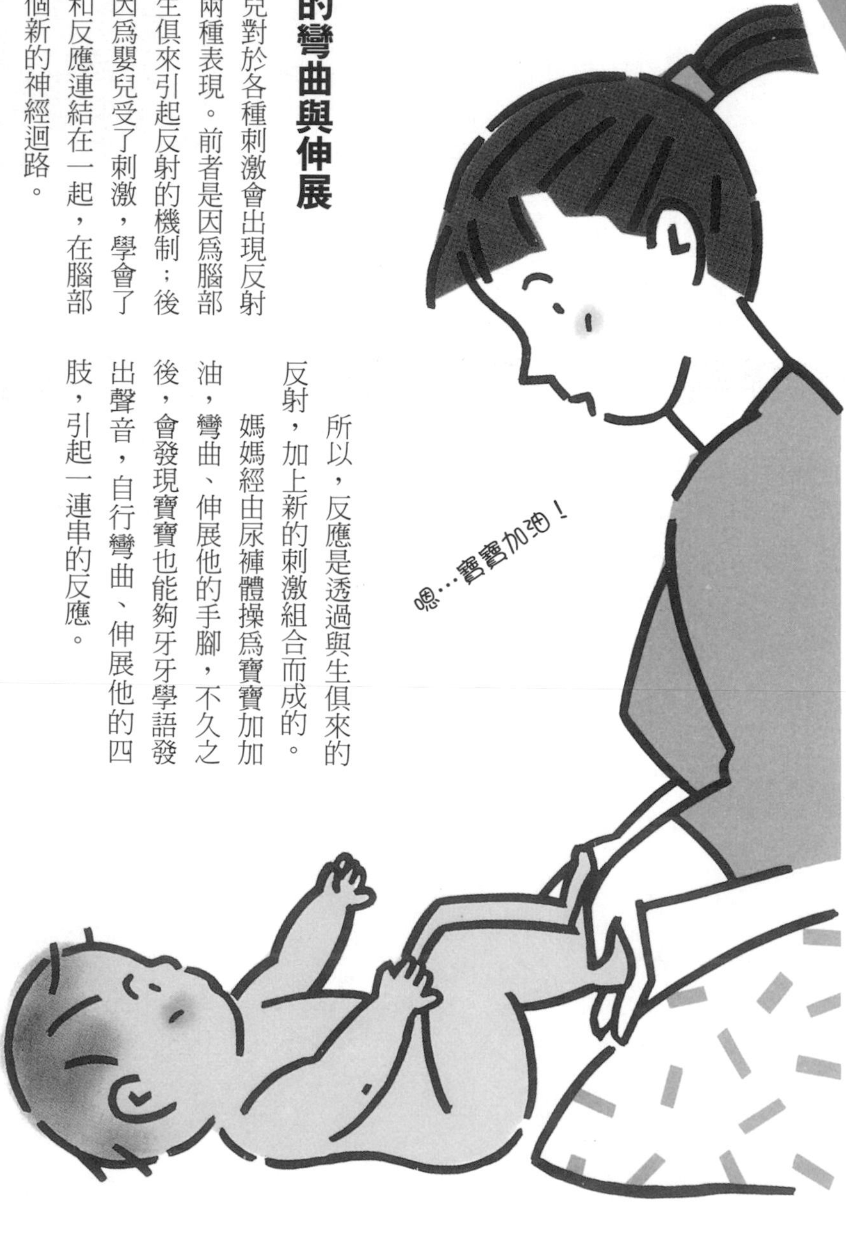

足部的彎曲與伸展

嬰兒對於各種刺激會出現反射與反應兩種表現。前者是因爲腦部擁有與生俱來引起反射的機制；後者則是因爲嬰兒受了刺激，學會了把刺激和反應連結在一起，在腦部構成一個新的神經迴路。

所以，反應是透過與生俱來的反射，加上新的刺激組合而成的。

媽媽經由尿褲體操爲寶寶加加油，彎曲、伸展他的手腳，不久之後，會發現寶寶也能夠牙牙學語發出聲音，自行彎曲、伸展他的四肢，引起一連串的反應。

換尿褲時順便刺激他的腳底，習慣之後他會自行做屈伸運動。

用力推他的腳底，寶寶也會用力往下踏；多做幾次可以增加他腰部的肌力，進而學習呼吸節奏。

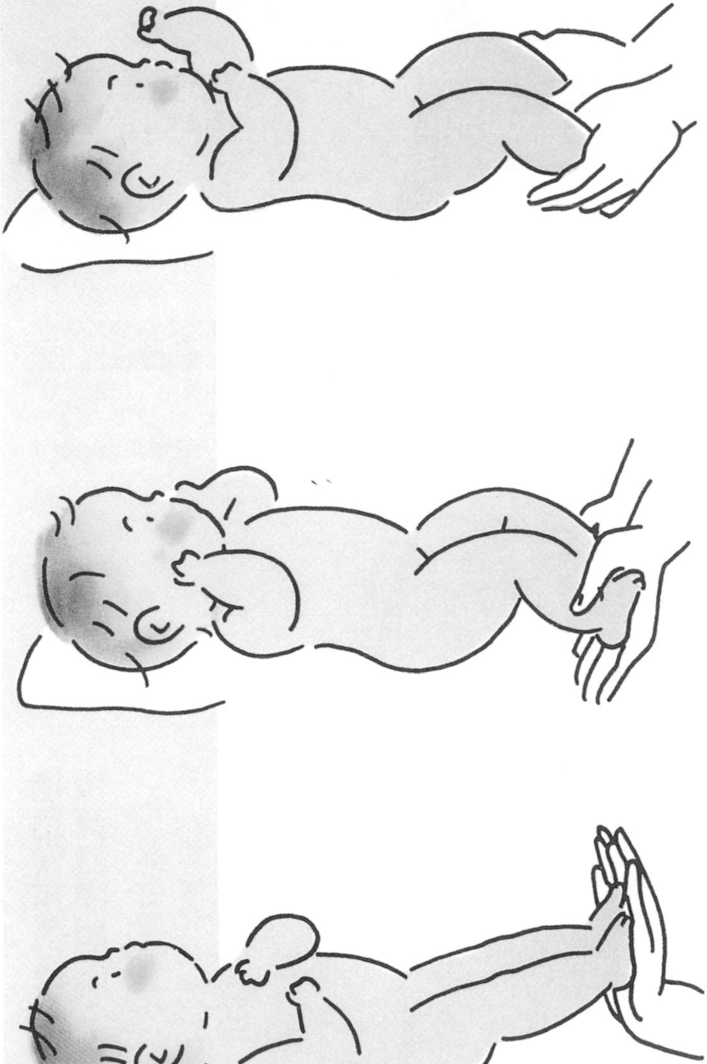

推腳底發展運動機能

一推寶寶的腳底，他就會彎曲膝蓋是一種反射動作。但重複做幾次，減輕推力之後，即使他受到的刺激十分微弱，他也會試著伸展雙腳呢！這時媽媽別忘了要出聲爲他加油喝采。到後來只要媽媽用手輕輕碰，或出個聲音，寶寶就會屈伸足部的話，表示他的腦部神經迴路已經相當發達了。

每當寶寶要換尿褲就重複這個動作的話，只要媽媽出聲、用手輕觸腳底或摩擦他的大腿，寶寶就會開始活動他的四肢呢！甚至於到最後，只要在一旁喊出：「一、二」「注意！腳伸直！」，他就會伸展手腳呢！由此可知，習慣了尿褲體操的孩子，未來在運動機能上將有驚人的發展。

此外，伸展雙腳時，媽媽可用手撐住他的腳底，加強他腰部的肌力，讓寶寶早日學會坐立，而且坐的四平八穩。同時，寶寶也會學得伸、踏之間的呼吸節奏；這對培育出肺活量大且健康的孩子，絕對有一定的幫助。

打開世界的窗
（增加對外在世界的認知）

激發他的好奇心

以相同語彙加入新語詞的方式，訓練寶寶會話能力。例如，先對他說：「早安！昨天睡得好嗎？」隔天再說：「早安！今天天氣真好！」

使用常用的語彙 讓寶寶學說話

等寶寶習慣巨大的聲音或噪音，能分辨聲音的階段結束後，可以開始訓練他說話的能力。

此訓練的首要重點就是媽媽所說的話。先決定每天早上要和寶寶說的第一句話。

比方說，如果決定要說「早安」的話，必須經常對他說：「早安！你好嗎？」「早安！昨天睡得好嗎？」等等加了「早安」的詞彙；聽久了，寶寶自然會記住這兩個字的含義。

像這樣，選定某語詞爲字首，再加入不同的字尾，等寶寶學會發音後，就會說出許多語詞了。千萬不要因爲寶寶不懂語意，就不和他說話；更何況有時候從表面，根本看不出寶寶已經聽懂那些字了。

重複相同刺激 促進腦部神經迴路

給寶寶相同刺激，能讓他的神經迴路功能更強；故重複聽相同語彙的孩子，聽久了自然會記住，甚至學會說出來。

再者，耳朵常聽相同的字彙，再加上嘴型的觀察，最後寶寶就能開口說出這個字。如果全面性的智能無法發揮作用，寶寶恐怕很難學會說話呢！

所以說，像「躲貓貓」這類遊戲，提供了重複的刺激，教寶寶如何學習等待事物的發生，可說是促進腦部前額前野發展的重要遊戲。這個時期，不妨多和孩子玩各種不同的「躲貓貓」遊戲。

這種「躲貓貓」遊戲可讓前額前野發揮作用，發展所有的智能，刺激聽覺、視覺、觸覺、預測即將發生的事等等的感覺；也有助於語彙的發展。

教寶寶進食

讓他同桌進食　早日進入斷奶期

會抬起頭東張西望的寶寶，不睡的時候，經常盯著大人們用餐的樣子看。

對大人吃東西的嘴部動作、拿筷子的手都展現莫大的興致，還會傾聽人們說話的聲音。然後，他不由自主地出現抿抿嘴、吸吸嘴的動作呢！

接下來，他開始對牛奶以外的食物感到興趣。正因爲他還不會開口要求吃什麼，一受到大人飲食的刺激，才會透過這些動作表達他的需求。

獲得各種刺激的寶寶吸收了許許多多的經驗，使腦部的發展越來

當他喜歡嚐試大人的食物、抿動嘴巴、流口水時，表示可以開始吃些斷奶食品了。

坐立期（3個半月～5個半月左右）

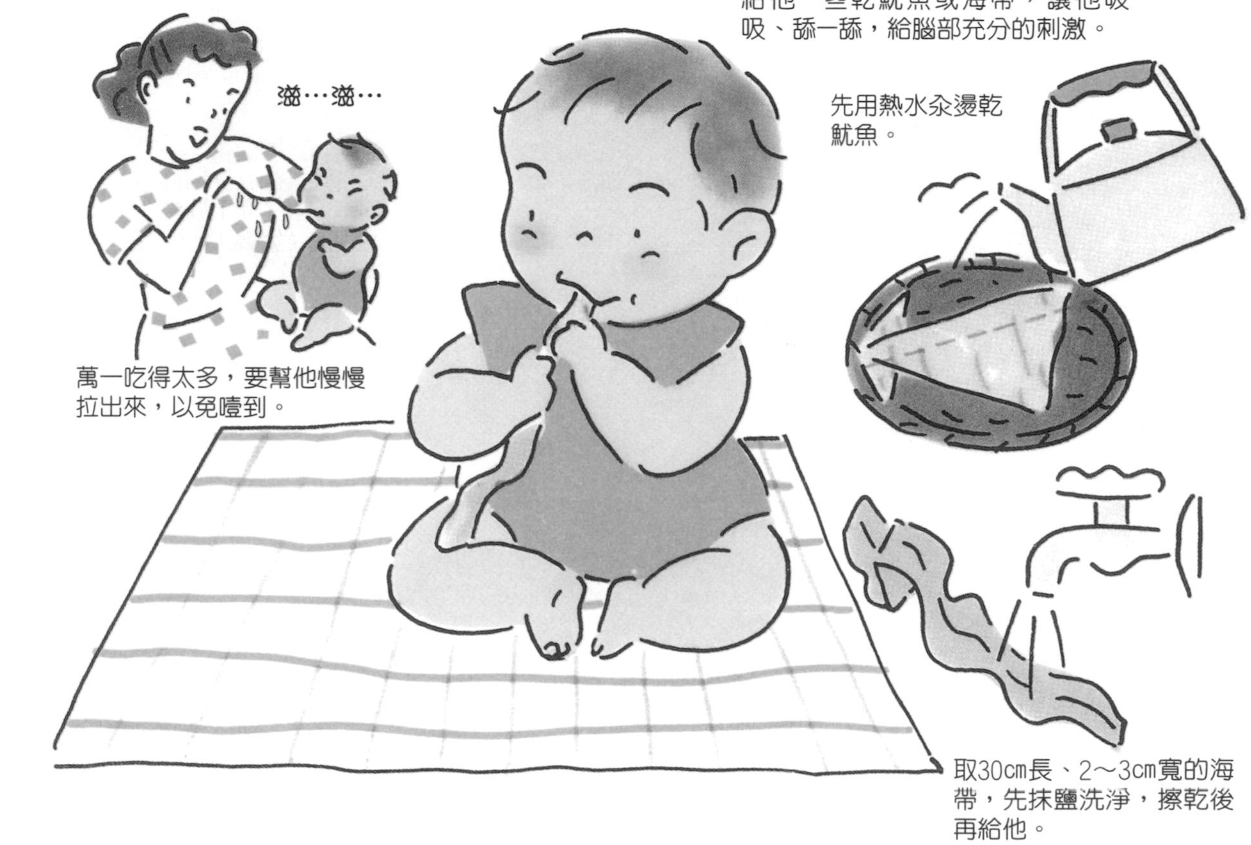
給他一些乾魷魚或海帶，讓他吸一吸、舔一舔，給腦部充分的刺激。
滋…滋…
先用熱水汆燙乾魷魚。
萬一吃得太多，要幫他慢慢拉出來，以免噎到。
取30cm長、2～3cm寬的海帶，先抹鹽洗淨，擦乾後再給他。

越發達；再加上這時期的他幾乎白天都醒著，更是讓他同桌吃飯刺激食慾的好機會。

　如果你發現寶寶每次看大家吃東西就不自主地動嘴巴、流口水，表示他已經適合吃些斷奶食品了。先不要介意他究竟幾個月大，不妨給他一些簡單的食物試試看。

　由於寶寶習慣以牛奶爲主食，斷奶食品一次只給一點點就好；同一種食品可以吃幾天，再依情況增加其他種類或份量。

　此外，給寶寶一些乾魷魚或海帶拿在手上嚐一嚐、吸一吸、舔一舔，將咀嚼的刺激傳至腦部，可促進腦部的發展。

從大人的食物挑出適合的材料，如味噌湯、果汁等；依身體狀況，一次增加一種材料。

生活習慣的養成與教養

培養良好的生活規律

等寶寶學會坐著，遊戲的時間增加，外出的機會也比以往多呢！

但是，如果生活作息不規律，該散步的時候沒有散步，該午睡沒有午睡，連媽媽買個東西都得帶去的話，遲早媽媽會被搞的精疲力竭；這對孩子的發育而言，也是極大的負面行爲。

所以，培養規律的日常生活作息，可說是基本的育兒方法吧！

如果睡眠、哺乳和遊戲的時間沒有一定的規律，恐怕很難培育出健康的寶寶。再者，反覆相同的刺激，可以增加腦部的神經迴路，讓它發揮最大的功效；因此，規律生活的重要性自然是不可言喻。

擁有正常的睡眠、進食、散步、遊戲和生活規律，才能培育出健康的身心和發達的腦部。

這意味著，只要外出時戴上相同的帽子，一拿起這頂帽子，寶寶的腦海中就會浮現「要出門了」的記憶。

更何況，規律的生活作息有助於安撫寶寶的情緒，可說是培育身心健康的寶寶的基本法則。

決定時間脫掉尿褲訓練尿尿

所謂的習慣應該是可以透過暗示，於生活中訓練而成，如尿尿就是一例。

仔細觀察寶寶，不難發現他習慣尿尿的時間。等這個時間一到，脫掉他的尿褲，摸摸他的臀部，讓他伸展一下四肢。沒多久，覺得心理很舒暢的寶寶自然會尿尿了。而且這種愉快的氣氛一定會植入他的腦海中，成爲一種記憶。

所以，只要時間到了，脫掉尿褲，對寶寶說：「舒不舒服啊？」並摸摸他的下腹。若既定的時間到了，寶寶當然會順利尿尿；這也是大小便訓練的第一步呢！

想訓練寶寶自行尿尿時，可先拿掉尿褲，伸展他的大腿，讓他覺得好舒服、好自在。記住這種愉快的感覺後，他就慢慢學會自己尿尿了。

5個半月～
8個月左右

扶著東西站立期

周遭世界更加寬闊的時期

學習經常使用雙腳、手腕、身體的時期

這個時期的寶寶，經常用眼睛觀看四周、用耳朵聽聲音，用手把玩周遭東西，甚至想要去了解東西的性質爲何。這時他連極小的東西也會把弄，遠比在這之前，對外在的世界有更深一層的認識。

再者，他的上臂變得更有力，手部的靈活度更爲精準。這時可以教他許多不同的運動類型，讓他記於腦部的神經迴路中，再反覆練習享受其中的樂趣。

不過，因此時寶寶記憶事物的能力不夠發達，故訓練的重點是，反覆練習，經常使用雙腳、手腕和身體，以加強對外界的認知。

若由智能的觀點來看，這時寶寶的智慧發展還很弱，可說是活在一個瞬間的世界。

而且要動腦筋解決問題——此時寶寶幾乎沒有這類的智能發展，所以，可把訓練的觸角以這點作爲延伸。

像「躲貓貓」遊戲不僅可以培養孩子期待事物的能力，還能有效地增加短期的記憶。而且，這種和媽媽一起玩的遊戲，更可促進親子的心靈契合，讓寶寶感受到被愛的感覺。這種被愛的感覺會激發他的滿足感，進而激起他學習新事物的興趣。

利用遊戲增加專注力和思考力

這也是一個開始思索，透過遊戲增加專注力和思考力的時期。寶寶對什麼感到興趣或十分專注，隱約可描繪出他未來的性格。

再者，可以專注於一個事物的能力，可說是對日後複雜的因果關係展現興趣的基礎呢！

例如，這時期的寶寶很熱衷於撕紙的遊戲。不論是報紙、雜誌或廣告紙，只要拿到手就撕個精光，且樂此不疲。這時的訓練重點是，寶寶能否長時間專注於這個遊戲。

如果你發現寶寶一直熱衷於某個遊戲，千萬不要對他下達「停止」之類的負面指令。

等他玩膩了，想轉移目標後，再提供新的遊戲給他。媽媽可幫寶寶找出獨自玩耍的樂趣所在，再慢慢引導他進入遊戲中。這時完全不要做別的遊戲，只要能運用之前的遊戲即可；這種運用的能力即所謂的思考力。

不管是多麼簡單的遊戲，最重要的是要專注集中；然後是思考遊戲的意義，培養可以加以運用的能力。

要注意的是，光是教寶寶思考力與專注力是不夠的。媽媽可在一旁守護，不要打斷寶寶專注遊戲的時間，以後他自然會養成習慣。像這種專注的時間越長越好。

訓練有平衡感且不易跌倒的孩子

等寶寶會扶著東西站立後，要培養他的平衡感，幫助他做出雙腳跳躍等動作。

平衡感較佳的孩子，擅長做機械性體操，也比較不會跌跤；即使不小心跌跤了，比較會採取保護身體的方式，讓自己不會受傷。

例如，可用手撐著寶寶的腋下，幫他扶著東西站起來，再讓他用雙腳蹦蹦跳跳，訓練他的平衡感。

或者是把他的身體上下左右地移動，讓他區別靜與動在感覺上的差異。

刺激感覺器官

視覺・聽覺

手部動作確實就能抓取小東西

如果寶寶手部的動作十分確實，連0.5 cm這麼小的東西也抓得起來呢！這時他很喜歡把抓來的東西把玩一番，再放入嘴巴舔一舔、嚼一嚼，試試它的感覺。

等寶寶會把玩、丟擲、取回手邊的玩具後，表示他逐漸知道東西所具有的效果，會試著進一步了解它們的性質。

所以，這些玩具必須沒有危險性，任他怎麼嚐、怎麼丟都沒關係；而寶寶也必須透過視覺、聽覺和觸覺的刺激，才能促進腦部的發育。亦即，寶寶透過視覺、聽覺和觸覺的刺激，會讓腦部的神經迴路

多給寶寶安全的玩具或日用品，讓他嘗試觸摸、舔一舔的感覺；有時，連拖鞋都是他的最愛呢！

聽聽生活中的各種聲音，知道聲音的來源，加上媽媽的語彙，都能促進寶寶語言能力的發展。

出現驚人的發展。例如帶寶寶去沙子場玩沙時，有時候他會抓起沙子往嘴巴塞。如果他只是吃了一點點，別驚慌；因爲沙子的口感很差，他馬上會連同口水一起把沙子吐出來。經由嘴巴的口感，寶寶學會了「不喜歡」這個重要的感覺。

聽聲音且能分辨音源

寶寶生活的環境並不是無聲最好，讓他習慣噪音也是生活教育重要的一環。例如，讓他知道洗衣機、吸塵器或果汁機等等聲音來自何處，對他的視覺和聽覺發展都有相當大的幫助。

而且，看著果汁機不久就有可口的果汁喝，這種「期待感」的教育，不僅對聲音提供認知，也能成爲智能上的刺激。這時媽媽還要說：「果汁就快打好了！」促進寶寶語彙的發展。

所以，不管是汽車聲、電話聲或警笛聲等等，都是很好的音源教材；當這些聲音響起時，媽媽可以說：「電話來囉！」或「警車來囉！」加強寶寶的記憶。

像視覺、聽覺和觸覺等感覺，都可以促進寶寶腦部的發展，培育感覺上的認知。

誘發運動

手與指頭靈活運用

把紙撕破、抓起小東西、用湯匙或鍋蓋敲出聲音等，儘可能讓寶寶長時間專注於一個遊戲中，培養他的專注力和思考力。

長時間遊戲 增加專注力和思考力

從遊戲中加強寶寶的專注力和思考力，效果最好。

玩具最好花些心思自行製作，且儘量提供生活中眞實的物品，如鍋子、杯子、湯匙、木槌、縫了鈕釦的衣服等等。這些都能讓寶寶摸一摸、敲一敲，甚至放嘴巴嚐一嚐，想想那是什麼東西。每一種玩具玩耍的時間儘量長一些。

這時期的寶寶似乎特別愛撕紙張。所以，乾淨的包裝紙、廣告紙都是他的最愛。其他只要是可以抓起來、放嘴巴嚐嚐或敲出聲音的東西，都可當作他的新玩具。

專注的時間越長越好

當你發現寶寶有意專注於某一個遊戲或玩具時，可在一旁靜靜地觀察他的行動。萬一發生什麼事讓他中斷遊戲時，先排除這個因素，安撫他的情緒後，讓他繼續玩下去。直到寶寶玩膩了這個遊戲，否則不要讓他中斷。如此，同一遊戲就可以玩得很久；若能玩30分鐘的話，中途都不要和他說話喔！

像這樣從遊戲中加強專注力，並且可以長時間玩耍，證明寶寶可以由簡單的遊戲，應用於複雜的遊戲中。當然，這時的思考力也會提昇。

在寶寶可以單獨玩耍不受打擾的學習下，專注力和思考力會有長足的進展。

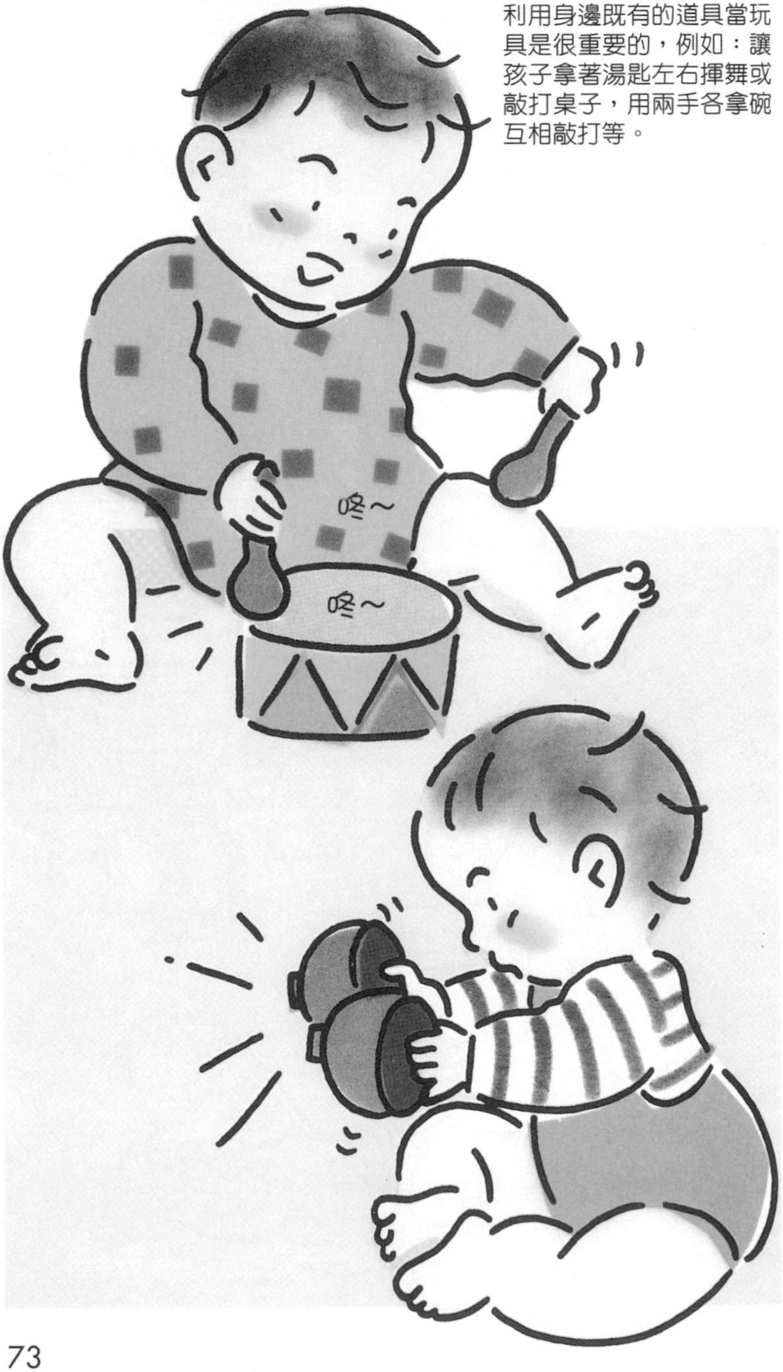

利用身邊既有的道具當玩具是很重要的，例如：讓孩子拿著湯匙左右揮舞或敲打桌子，用兩手各拿碗互相敲打等。

迷路的刺激

坐著玩 增加肌肉的持續力

寶寶坐著玩，可以增加肌肉的持續力。到這時期的寶寶，稍微有點支撐的話，應該可以坐的很好；所以，先讓他坐著玩耍，再幫他以坐姿倒向側面。

如果寶寶還不會坐就讓他一直坐著，他會慢慢向前傾倒，直到頭碰上地板。如此很容易弄傷頸部，要特別注意；可以用手扶他坐著，再幫他倒向側面。

重複這個訓練後，寶寶在學得改變姿勢的方法的同時，也能讓坐著時使用的肌肉更具持續力。

坐立遊戲

1 雙腳稍微打開，把玩具熊放在腳中央。起先坐一下，再慢慢延長坐立的時間。
2 讓寶寶向側面傾倒，姿勢不變。
3 躺下來，雙腳抓到嘴巴前面，再把腳放入嘴巴。
4 趴著，壓其背肌，讓他的身體彎起來。

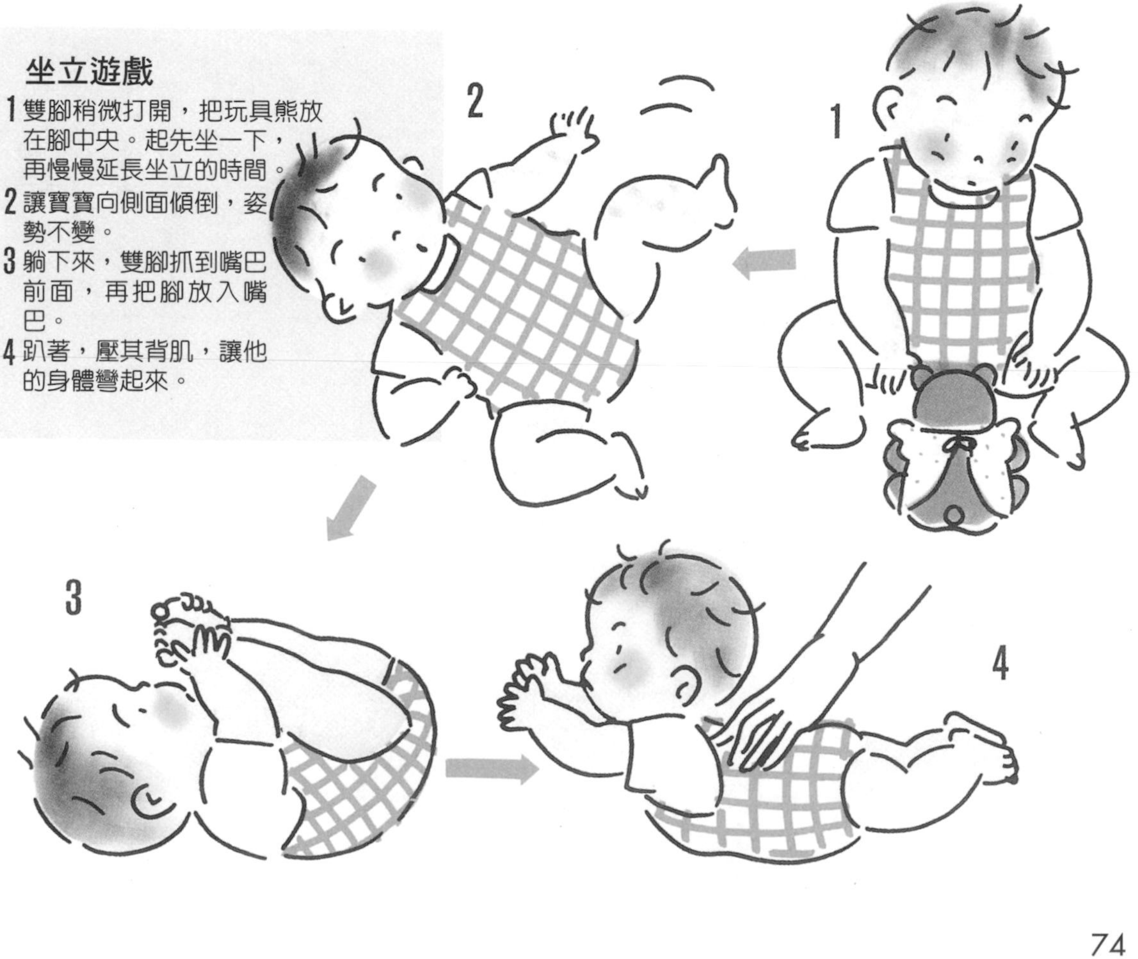

拋擲遊戲增加平衡感

寶寶要有良好的平衡感，才能穩穩地做雙腳跳躍的動作。這種拋擲遊戲正可增加他的平衡感；方法是用手支撐他的腋下，向上拋高。「哇！你好棒！」訓練時別忘了稱讚他喔！

再者，「丟高高遊戲」是讓寶寶了解有東西以極快速度接近的感覺的重要訓練。此外，大幅度擺動自己的臉或快速移動觀察物體的訓練，也有良好的效果。

除此之外，抓起他的雙腳呈倒栽蔥姿勢，再前後搖晃的訓練，也可以培養平衡感。

抓著雙腳，如倒栽蔥的方式，前後慢慢晃動他的身體。

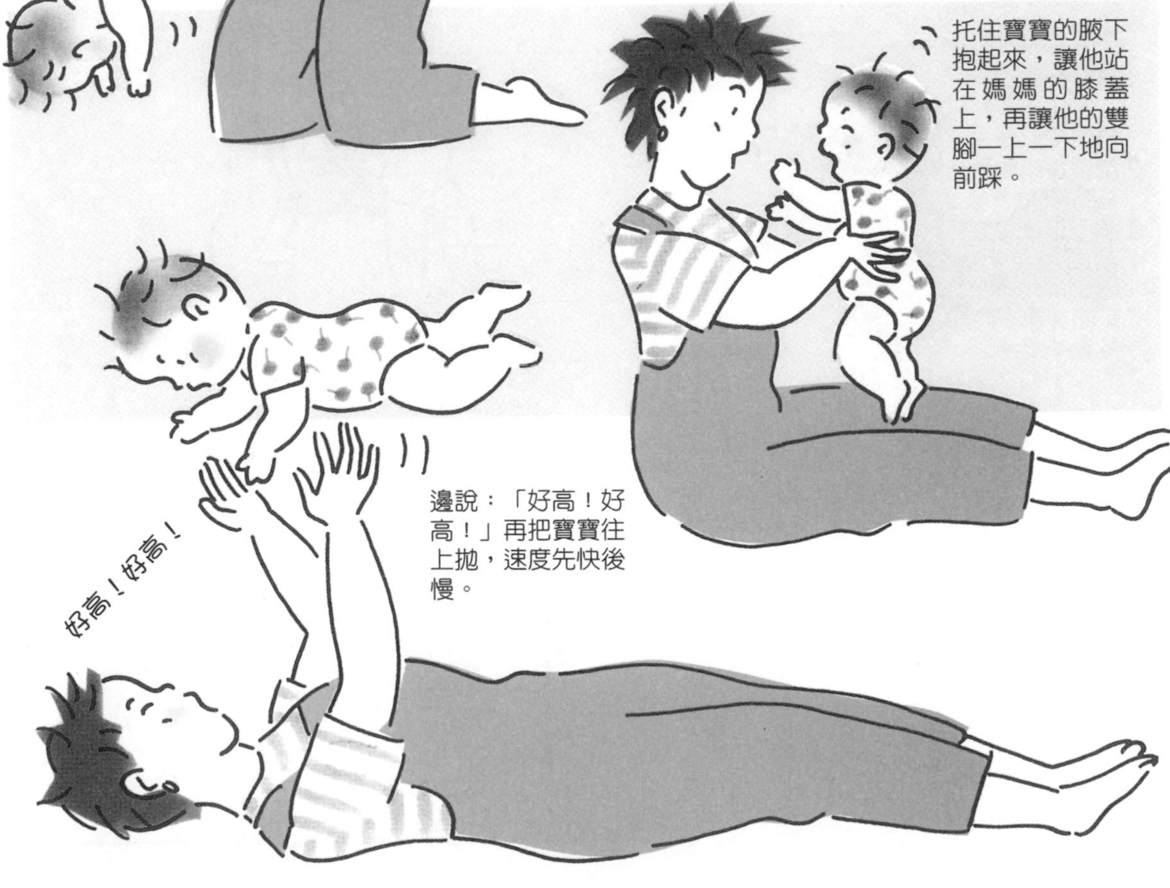
托住寶寶的腋下抱起來，讓他站在媽媽的膝蓋上，再讓他的雙腳一上一下地向前踩。
邊說：「好高！好高！」再把寶寶往上拋，速度先快後慢。
好高！好高！

足部靈活運用

幫助寶寶學習爬、站、走

當人類在三百五十萬年前，以雙腳開始走路的時候，就正式開啓了人類的活動。而走路正是人類活動的原動力。

寶寶學會扶著東西站立或扶著東西走路之後，只要給予適度的幫助，他就會學得絕佳的平衡感。

等他會利用膝蓋爬行或自由地向後退後，用手幫他把四肢撐在地板上，臀部不要抬過高，扶著腰向前爬行（如下圖）。這種以四肢爬行的方式，能有效地訓練足部的力量。

學會用四肢爬行的寶寶，已經

寶寶站在媽媽的腳背上，大步、小步向前走。

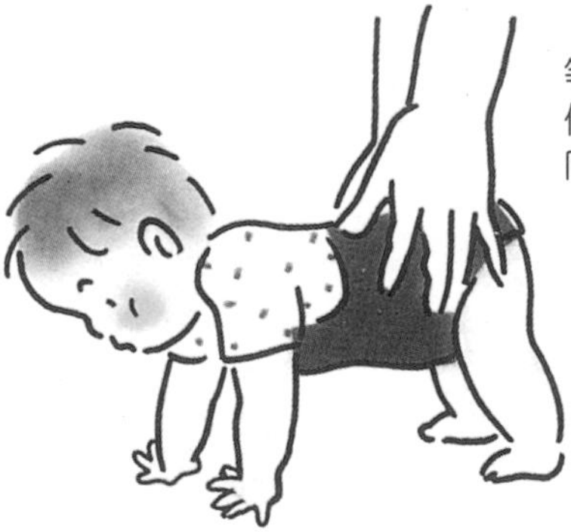

等寶寶會爬後，讓他用四肢撐開身體向前爬行。

寶寶會扶著東西站立後，教他單腳往後踩，學習身體的平衡。

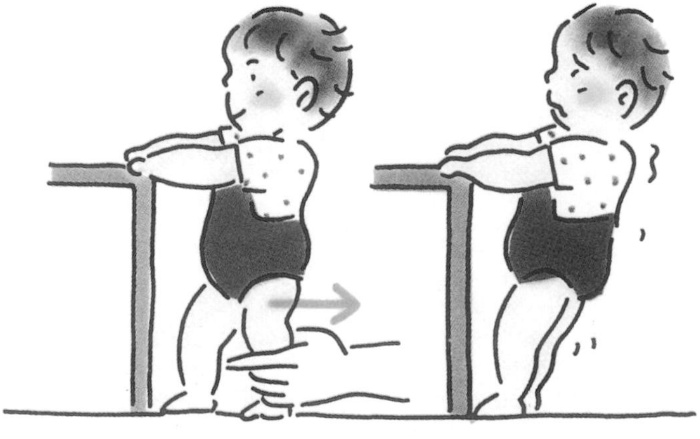

會以此許支撐力量扶著東西站立；這時媽媽可讓他踩在自己的腳上，帶著他有節奏地向前走，一天做一次就夠了。

等寶寶會扶著東西站起來，足部不會太靠近自己所抓住的東西，或呈現搖晃不定的姿勢時，再教他一腳往後踩，以保持身體的平衡。如此，前面的腳就很容易抬起來往前踩，移動自己的身體，而向前跨出一步。接下來再讓另一隻腳往後踩，依同方式，讓寶寶慢慢學會雙腳的運用，保持身體的穩定。

以大拇趾踢球的遊戲可刺激腦部

腳尖站立拇趾用力時，會增加對腦部的刺激。當寶寶從爬行進入扶著東西站立期，可讓他光著腳訓練腳趾用力；如用腳撐在媽媽的膝蓋上，向前走或站起來。

或是架個小坡度讓他往上爬，訓練他腳尖用力。如果寶寶爬得有些吃力，媽媽可在一旁輕輕托住他的臀部，幫助他往上爬。

光著腳丫子的寶寶，可按壓他的腳底，讓他體會一下觸感。

寶寶光著腳踩著球或踩在媽媽的膝蓋上，訓練他拇趾用力。

打開世界的窗
（增加對外在世界的認知）

讓寶寶學習等待

經由期待事物培養作業記憶

如前所述，期待反應有助於腦部前額前野的發展。有所期待的等待行為，對於突觸急速成長的這個時期十分重要。

這時進行「躲貓貓」遊戲，可以提高作業記憶的能力。這種作業記憶如同突觸一樣，對於學習能力具有決定性的影響。不過這時的玩法是用紗布蓋住寶寶的臉，「啪！」地一聲讓他自己掀起來。

等他會用眼睛追逐移動的物體後，等著從窗簾後面出現小汽車的「期待遊戲」，正是期待反應最佳的訓練。重複練習時，可在一側藏小汽車，讓他眼睛盯著出口，等著小

「躲貓貓」遊戲可以促進期待反應，增加短期記憶的能力。

扶著東西站立期（5個半月～8個月左右）

寶寶預知小汽車會由另一側的出口出現；所以，等小汽車自入口消失後，就把視線轉向出口，等小汽車跑出來（在這之前一定要讓他練習，用視線追逐小汽車的前進）。

汽車的出現（如上圖）。

記憶看不見的東西的能力尚弱

這個時期的寶寶還無法用頭腦去解決問題，他只是活在短期記憶的世界裡。所以，這時的寶寶只對看得見的東西有所反應。

例如，把透明的手帕蓋在玩具上，寶寶會掀開手帕拿玩具；如果手帕是不透明的，他就會忘了下面蓋著玩具這件事，而不會掀起手帕。亦即，這時期的寶寶記憶中並沒有「看不見的東西」這回事。

即使看得見的東西突然看不見了，寶寶也會知道這是怎麼一回事——這就是下一階段的學習；而短期記憶原本就是發展長期記憶的重要基礎呢！

如果手帕是透明的，他會掀開手帕，找出蓋著的玩具；反之若是不透明的手帕，他會忘了有玩具這回事。

讓寶寶學習不能做的事

①先教他不可以觸摸插座。
②等他不會摸插座，只是盯著看，再讚美他：「你好棒！」
你好棒！
③摸摸他、親親他，都會讓寶寶覺得好愉快。

從小就要教他「忍耐」的藝術

當腦部的前額前野的突觸快速成長的同個時期，作業記憶也開始發揮它的功用。

而學習等待、忍耐等等，需克制自己的感覺不做某些事，也是因前額前野的作用，和作業記憶有所關聯。

所以，如果寶寶學會等待某事的發生，習慣了「期待反應」，自然就會學得忍耐與等待。

一般人都認爲2、3歲的孩子，才知道「○○不可以做！」這句話的意義。不過，從這個時候開始教絕不嫌早！若等他已經知道好壞再開始教就太遲了，而且很不容易教好。因此，這種「忍耐」的藝術還是趁早教比較好。

懂得「忍耐」再給予讚賞

教孩子學習忍耐的重點是，如果他真的會忍了，一定要好好讚美他。

例如，寶寶想用手摸插座時，要撥開他的手，告訴他：「不可以喔！」教他絕對不能摸。等多教幾次，注意到即使寶寶看到插座也不會去觸摸時，摸摸他的頭說：「你好棒！真的不去摸了！」

被讚美的寶寶心情十分愉快，似乎也學習到：「不去碰插座真是一件很棒的事呢！」這時抱抱他、親親他，都是很好的鼓勵與讚美。久了之後，寶寶也會覺得被讚美是件愉快的事呢！

生活中常碰上需要寶寶克制自己的慾望，學習「忍耐」的情形。

比方說，他可以抑制自己想吃點心的念頭，一直等到點心時間；這時媽媽別忘了對他說：「你好棒！可以等到吃點心的時間呢！」

即使一開始寶寶任性胡鬧，媽媽也要堅持原則，時間到了再給他吃。等他感受到被讚美的愉快氣息，自然學會了「忍耐」。

其他像收拾玩具也是學習「忍耐」的好機會。寶寶必須克制自己的情緒，學習做原本不愛做的事。

像這樣，在讚美與學習克制的情緒中，寶寶自然而然地會抑制情感，知道什麼事不能做，進而修得「忍耐」一門學問。

讓他學會等待點心時間也是一種很好的訓練。

會收拾玩具時也要讚美他喔！

激發他的好奇心

創造一個自由活動的園地

這個時期適合讓寶寶自行思考，再依據這個思考養成四處移動的習慣，也是最適合培養集中力的時期。

如果把孩子放在狹隘的空間，束縛了他的自由，那他的腦袋恐怕就只會想著：「如何獲得自由？」而不會想到其他事情。如此實在很難讓寶寶更自由地活動，腦筋的作用更爲活潑。

所以，要把家裡好好收拾一番，拿走危險的物品，創造一個孩子可以隨心所欲、自由自在活動的園地。

尤其這時候的寶寶，用手指頭拿東西的技巧更臻純熟，或許會抓衣櫃把手、電視開關或插座等等物品。所以，最好貼上膠布或收到抽屜裡比較安全。

正確使用手指後活動更活潑

如果突然對寶寶熱中的玩具發出禁止令說：「不可以玩！」，使其遊戲中斷的話，會剝奪其好奇心和專注力。

與其事後斥責禁止他，倒不如一開始就給他安全無虞的玩具。並提供一個可以自由活動的空間，讓寶寶自在地玩耍、觸摸、舔食。

給寶寶安全的東西，正確地使用手指頭，都是此時重要的注意事項。

讓寶寶遠離危險的物品

用膠布貼家具的邊緣或插座，勿讓寶寶觸摸。

地上的東西收拾整齊，放入衣櫃或五斗櫃中。

裝了抽屜的五斗櫃上面，不要擺東西，以免發生危險。

扶著東西站立期（5個半月～8個月左右）

危險的東西收入抽屜中，再擺上棉被、床墊或紙箱，創造一個安全的遊戲空間。

大小便訓練的注意事項

尿褲一弄髒就立即更換，充分配合時就讚美他——寶寶在這種訓練下，久了就會自行發出訊息傳達小便的意念。即使他還不會說話，卻會顯露擔心或拉扯尿褲。

所以，不管是小便或大便，只要利用寶寶在生活中的習慣，即可訓練的十分順利。

這時要注意的是，即使褲子髒掉了，也不要隨便斥責孩子，以免打擊他的自信心。估計他可能想要大小便了，再帶他去廁所，坐在馬

尿褲一髒立即換新、摸摸他的肚子並說話、時間一到帶去廁所或坐在馬桶上等等生活習慣養成後，大小便的訓練自然順利。

媽媽尿出來囉！趕快幫我換褲子！

扶著東西站立期（5個半月～8個月左右）

寶寶養成規律的起床、午睡和就寢時間，可以集中注意力，促進運動機能的發展。

桶上，發出「噓…噓…」的聲音；或直接告訴寶寶「尿尿囉！」。

其他像生活條件中的蹲馬桶、站著尿尿或廁所、馬桶等等，都十分重要；也可以輕輕觸摸寶寶的下腹，出聲誘導他：「該上廁所了！」如果經常給寶寶相同行為或語言的刺激，相信不久，他一定會學到定時大小便的好習慣。

睡眠習慣是培養專注力的法寶

這個時期應該積極培養寶寶良好的生活習慣，其中睡眠時間也是重要的習慣之一。睡眠不夠充分的孩子，會老是心神不寧，連遊戲時間也無法集中心思呢！

其他像欠缺食慾、身體狀況不佳或行動遲緩等，都會減少對腦部的刺激。玩的專注，睡眠充足——如此的良性循環，才能培養出腦部發達的孩子。這也是一個適合讓孩子養成午睡習慣的時期。

這時的寶寶經常自己玩耍，一旁的媽媽眼睛也不得閒；所以，和寶寶一起午睡的話，媽媽本身也能獲得充足的休息，增加更多體力。

8個月～12個月左右

學步期

真實智慧的萌芽期

用頭腦行動是真實智慧的萌芽期

當寶寶開始進入學步期，也是處於真實智慧的萌芽期。從他可以扶著東西站立、自行跨步走，甚至能跑能跳後，感覺運動的智能也邁入了三次元的世界。

這時因寶寶可以自己決定目標向前移動，而更積極地喜歡運動；也會自己決定朝目標接近的方法，再動腦筋付諸行動。

所以，這時的智慧不單是感覺運動，可說是真實智慧的萌芽呢！

寶寶經由對新事物的觀察、觸摸或行動，獲得失敗的體驗，進而明白一個與原認知的世界截然不同的世界。

而且，能進一步區別自己和其他的世界，自己和其他人的不同。

因此，幫助寶寶因應一個三次

元的多元化世界——媽媽的責任與角色，至此是更為重要與不可或缺了。

在這之前的育兒重點是，為配合寶寶腦部的發展，只要誘導他的能力引發正確的反應即可。

但是現在很容易因媽媽的做法，導致無法挽回的遺憾；一定要避免讓寶寶的腦部發展出現無法挽回的情形。

就好比這個時期的訓練，可造就出一個喜歡和別人相處的孩子、不易和別人相處的孩子、無法體會與別人相處的喜悅的孩子等不同類型的孩子。

開始進行語言訓練

這時的寶寶差不多會說一些簡單的語彙，當然還不會大作文章或利用語言思考。

亦即，他雖然還不會動動腦，用語言理解及思考；可是，已經可以理解直接看見的東西。所以，這時的寶寶即使沒有教他，他也會自己多觀察、多聽，發現新方法豐富自我的經驗。

不過，這時寶寶自己發現問題加以解決的能力還極為有限；亦即智能的發展還限於原始智能，還無法對外在事物做某一程度的了解，或找出新的做法解決問題。

雖然他的智能發展未臻成熟，但是學習語彙，利用語言思考的腦部的基礎運作確實存在。

由此可知，這時要開始進行語言的訓練。由媽媽口傳相授，讓寶寶模仿說話，是一個簡單有效的辦法。

等他學會某一些簡單的語彙之後，再教他數數字；這時不要讓他單數一、二，應該拿相同的東西教他數一個、二個，讓他對數字更有概念。如果寶寶學會區分相同與不同的東西，智能發展也會更上一層樓。

多讓寶寶自己動手試試看

開始學走路的寶寶，對外在的事物果真充滿好奇心，任何東西都想去碰一碰。但因他此時的反應還很遲緩，媽媽總是不放心，想伸手幫寶寶一把。最好不要這樣做，即使他行動笨拙，還是很值得鼓勵，媽媽只要在一旁看著，避免寶寶受傷即可。

在另一方面，也有些孩子學得很快，可以迅速向前邁進。這類孩子移動身體的能力很強，能保持身體的平衡，連跌倒時都可以保護自己不易受傷呢！

不過，家裡危險的物品很多，還是要讓孩子學會被下達「禁止」命令時，應停下動作的意義。

刺激感覺器官

視覺・聽覺

寶寶配合玩具的聲音或樂器的聲音扭腰擺臀，可以刺激腦部，促進語言的發展。其他像電視或收音機等等，也是十分有趣的聲音來源。

聽覺發達培養節奏感

爲了訓練寶寶的感性程度，單單刺激一種感覺是不夠的。

尤其聽覺和語言表達的能力有很密切的關係，故這個時期的聽覺訓練十分重要；其他像身體的振動也是相當重要的刺激。

像抱著寶寶哼著歌搖晃他的身體，寶寶配合電視或ＣＤ等的音樂擺動身軀，以聲音加上拍子反覆一定的節奏進行刺激；這些刺激對聽覺的發展具有良好的功效，進而促進了語言的發達。

寶寶常常觀察外面景物，培養五感，可促進語言的發展；說東西的名稱一定要用正確的說法。

經常可以看到10個月大左右的寶寶，配合電視廣告的聲音搖動身體，或看得目不轉睛。我們不清楚這階段的幼兒能否將這些聲音存入記憶中；但是，等寶寶１歲之後，會偏好特定的節奏，對相同的音質或曲調出現反應，一聽到聲音就扭腰擺臀，顯出興奮之情。

媽媽也可以配合寶寶的這些反應，一起擺動身體呢！

多聽多看培養語彙能力

寶寶經常接觸外界活用語彙，能促進語言的發展。在我們的腦部有專司音感的聽覺野、理解語彙意義的感覺性語言野、發生語言的運動性語言野，以及對發出聲音的肌肉下達指令的運動野等等分野。

這些分野充分運作才能促進語言的能力。寶寶對語言是否理解，會因他出生到１歲爲止，經常聽什麼音樂、聲音，對什麼音樂、聲音有反應，使腦部的發展呈現差異。

所以，在寶寶１歲之前，要多給他聽不同的聲音，在他還不會說話時，腦部受到語言的刺激，才能促進語言的發展。

誘發運動

手與指頭靈活運用

像鈕釦、縫衣線或葡萄乾等等小東西，都可以給寶寶抓一抓，只是媽媽一定要在旁邊看著以免誤食。

抓小東西促進腦部發展

當寶寶的拇指和其餘4根手指能各自獨立運用時，從皮膚、肌肉或關節對腦部的刺激訊息會更多，進而促進腦部的功能。

像吃飯時拿著湯匙的訓練就有一定的效果，也可以抓著杯子或碗等附有耳朵的餐具。

其他像把葡萄乾放入盤子裡，

讓寶寶一個個抓出來、塞入剪個小洞的厚紙板中，或抓到杯子裡的遊戲，除了可以增加指尖的運動能力，還能培養專注力。

寶寶的手部動作的發展順序為「抓」→「握」→「捏」，而手部機能素有「第二腦」之稱，和頭部的充分運作有很大的關係。

透過重疊、插入、加蓋的動作訓練指尖

給寶寶的玩具最好是能讓他充分運用到指尖或5根手指頭；像積木重疊、插入小洞或加上蓋子的遊戲等等，都可以訓練寶寶將專注力集中於指尖。

像積木或其他的組合玩具，最好先由媽媽示範操作一次，讓寶寶學著做。

這時期，寶寶喜歡模仿媽媽的動作。如果他也會把積木疊好，或者是把玩具順利地塞到小洞裡，媽媽別忘了要好好稱讚他：「寶寶好棒！」或拍拍他的手以示鼓勵。

生活周遭裡的各種東西，只要加點巧思，都可以是玩具的另一來源。

媽媽先重疊或組合玩具，再讓寶寶跟著模仿；如果做對了，別忘了好好誇他喔！

利用反射動作讓寶寶不易受傷

原本一直坐著接受刺激產生反應的寶寶，這個時候會靈活地四處移動，甚至攀爬至高處，媽媽更是要看緊一點。要注意的是，他跌倒時手的姿勢要如何放比較安全。

這時寶寶經常會不小心跌倒，可以教他利用反射動作的跌倒方法，並讓他養成習慣。訓練時媽媽用手扶著寶寶的身體，讓他踩在自己的腳背上前後走動，或者是牽著手一起跳舞。

此外，再抱起他的腰部讓頭接近地板（如右圖），前後搖晃身體或上下移動；這時寶寶很自然地會將手伸向地板，形成一種自我保護的反射動作。這種訓練一天至少要做1～2次。

教他暫停止步保護自己的安全

喜歡四處移動的寶寶，當然也

迷路的刺激

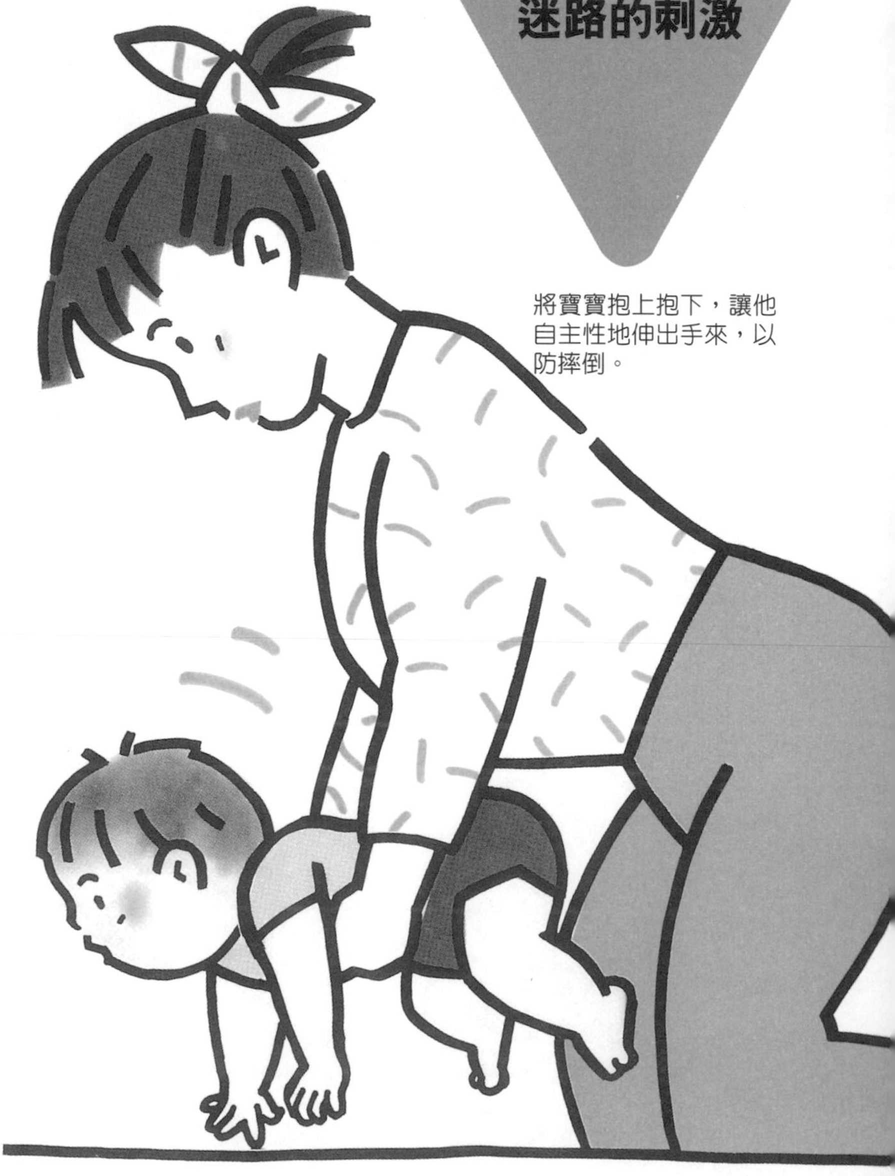

將寶寶抱上抱下，讓他自主性地伸出手來，以防摔倒。

愛摸東摸西；爲了保護他的安全，這時要教他如何暫停止步。例如，滾動一顆球告訴寶寶：「請幫忙撿回來！」，讓他走到球的旁邊而停下腳步。

此外準備１～２個座墊，告訴寶寶：「坐在這裡！」等他再一步就走到座墊時，再告訴他：「停！」這種練習要重複多次，才能看到效果。

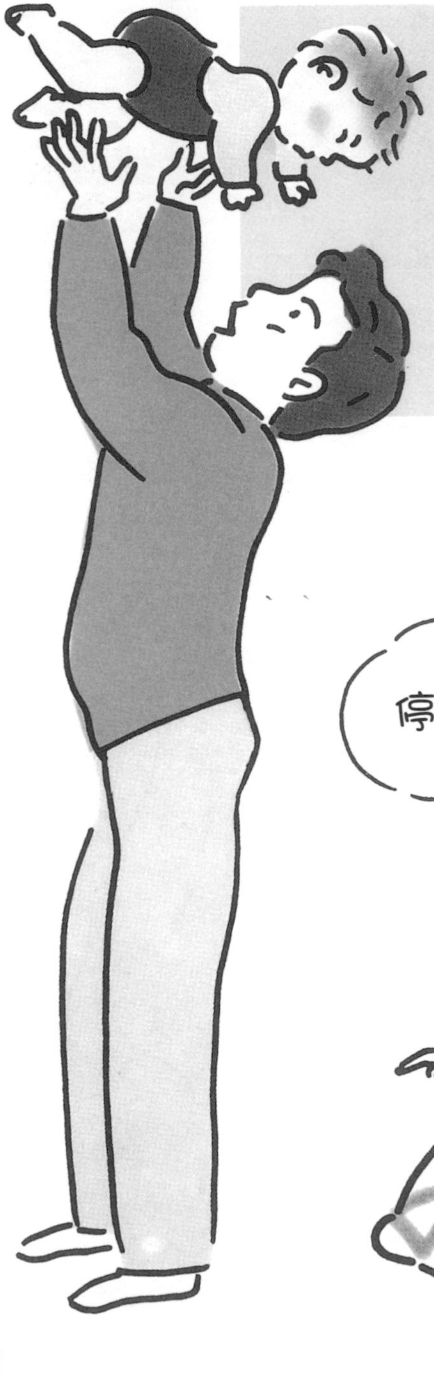

「好高！好高！」的遊戲適合任何時期；它可刺激寶寶取得身體的平衡，促進運動機能的發展。

開始學走後，一定要做「暫停止步」的訓練。

足部靈活運用

訓練腳尖和腳趾刺激腦部發展

平常可以拉起寶寶的雙手，幫助他踮高腳尖，刺激腦部的發展。

此外，讓寶寶光著腳在斜板上爬行，更能刺激他的腳趾頭發達。腳尖強化可以刺激肌肉與關節，將刺激傳至腦部，進而促進大腦的發展；而使用腳趾頭正是最有效的刺激法。

媽媽可以帶寶寶去公園的滑溜板，或在家自行架一塊斜木板練習爬行，訓練腳尖和腳趾。

再者，寶寶如果走的很好，腳尖應該會朝前；但在開始學走路之前的爬行期，如果足部用法不當，

用腳尖站立，可以促進寶寶的腦部發展。

腳尖就會一直偏向內側。

如此，就無法充分利用足部的肌肉；所以，要讓這類寶寶做腳尖向前走的訓練。

等寶寶走得更穩健之後，要注意他有無扁平足的問題。

有扁平足的寶寶無法充分利用足部的肌肉，走沒多久就覺得累。

所以，從寶寶開始想讓人牽著手走路，或扶著東西站立時，就可以讓他光著腳，做大步邁開或站立的訓練。

爬下坡時 腳尖和手腕都要用力

為了鍛鍊寶寶的腳力，刺激其肌肉與關節，促進腦部的發展，不僅要往上爬行，往下爬行的訓練也很重要。當寶寶邊爬邊往下時，腳的大拇趾應該會確實用力。

同時，加上手腕的力量，才能順利地在斜板上爬上爬下。所以，這種斜板爬行的動作，最適合鍛鍊足部和手腕的肌肉。

等寶寶會用腳尖站立，再牽著他的手，讓他以腳尖走路。

爬上爬下的練習可以鍛鍊寶寶的足部、手腕肌肉與關節，刺激腦部的發展。

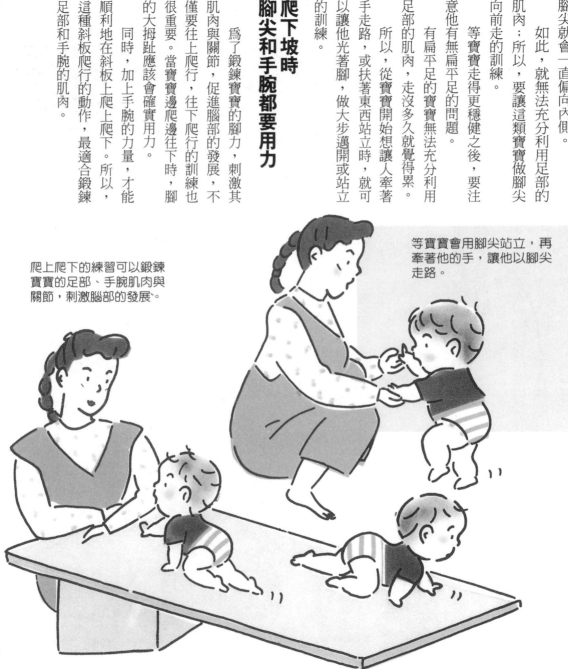

打開世界的窗
（增加對外在世界的認知）

激發他的好奇心

從區別相同與不同之物開始數學教育

這時期，教寶寶如何分辨相同與不同的訓練，十分重要。當寶寶學會看著媽媽的一隻眼睛，而指著自己的一隻眼睛時，表示他會開始找尋「另一隻眼睛」。這就是從相同東西之中，找出不同的另一個的訓練重點。

這個訓練並不是要教寶寶學會數數字１、２，而是讓他知道相同的東西，可以數出一個和另一個的概念。這堪稱是數學教育的起步。

像上下樓梯時可以教寶寶數１個、２個，或讓他數喜歡的玩具。

像這樣，一與二的差異，在寶寶還不會開口說話時，就已經開始理解了呢！

或看或摸任何事物都十分新鮮

這時期的寶寶喜歡用指尖捏捏小東西，或者把面紙一張一張抽出來玩，對任何事物都充滿好奇心。

擁有好奇心才能增加對外在世界的認知，對腦部的發展具有相當重要的意義。

所以，寶寶到任何地方都喜歡摸一摸、看一看；旁邊的人一定要特別留意，別讓他誤食或誤觸危險物品。

再者，別忘了在家提供一個安全又自由的活動空間給他，幫助他探索這個奇妙的世界；像媽媽化妝台上的化妝水或面霜，可得小心地收好以免寶寶誤食。

教寶寶數一個眼睛和另一個眼睛，讓他了解一個和另一個的差異。像上下樓梯、點心、鈕釦或鞋子，都是很好的教材。加上節拍的話，效果更好。

學步期（8個月～12個月左右）

寶寶對外面的世界充滿了好奇心，尤其抽屜更是他的最愛。記得拿走危險的物品，讓他能自由安全地探索每一個角落。

彩色的繪本最能牽引及滿足孩子的好奇心；當寶寶問：「這是什麼？」媽媽要反覆回答：「這是汽車」「這是小狗」以加深他的印象。

開始培養解決問題的能力

這時期的寶寶好奇心十分旺盛，很喜歡繪本這類的圖畫書；媽媽可以經常帶著他閱讀書的內容，面對他的詢問：「這是什麼？」要不厭其煩地回答他：「這是汽車！」「這是小狗！」直到他記住爲止。

這時寶寶雖然已經會說「爸爸」「媽媽」「拜拜」這類的字彙，但尚未有作文章、以語言思考的能力。雖然了解物品的功能，知道物與物之間的關係，但無法以語言思考了解；亦即，他可以理解直接看到的物品的關係。

例如，媽媽拿個安全別針放在手上秀給寶寶看，再當著寶寶的面把別針藏在披肩下面，握著手要求寶寶打開。當寶寶發現媽媽手中的別針不見了，會四處尋找，並從披肩下找出別針。

這表示寶寶可以找出看不見、被隱藏起來的東西；亦即，他可以發現被藏在披肩下面的別針，理解直接看到的物品的關係。

用披肩隱藏別針的實驗

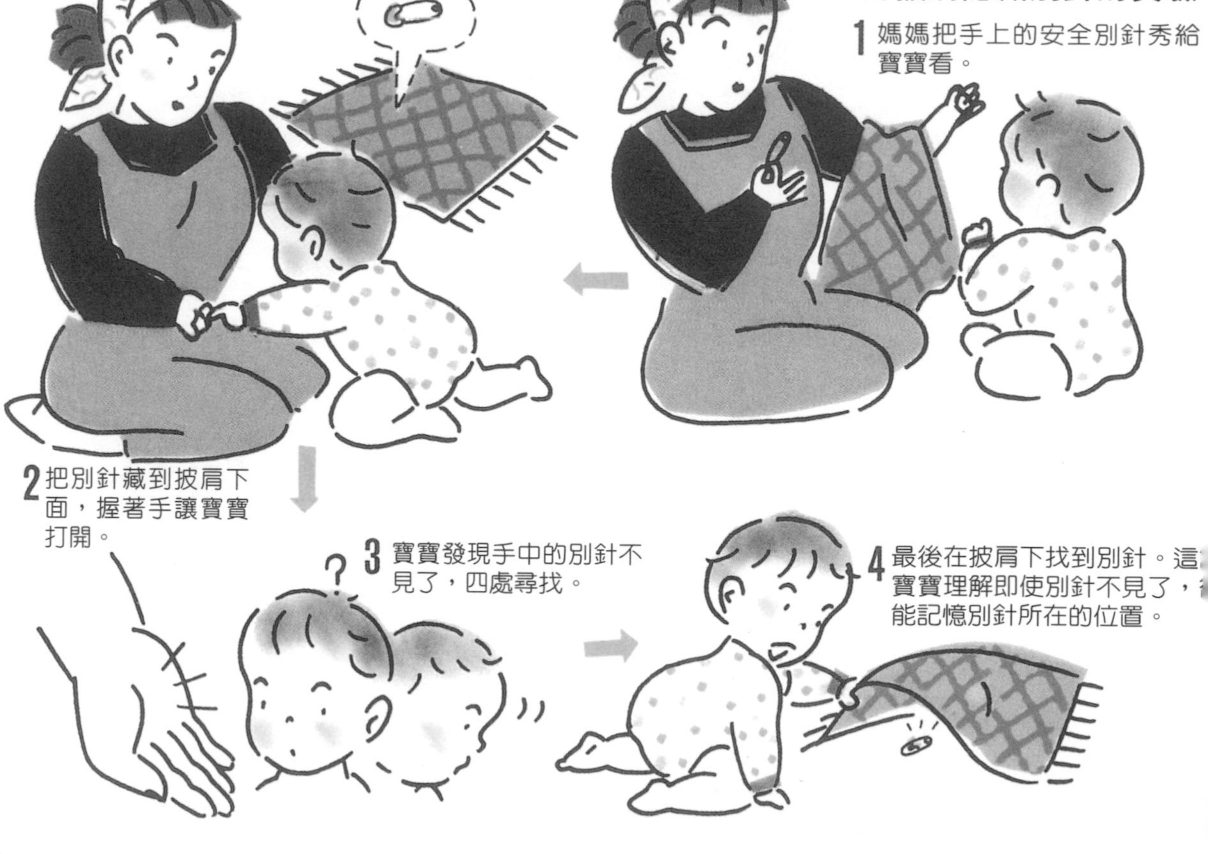
1 媽媽把手上的安全別針秀給寶寶看。
2 把別針藏到披肩下面，握著手讓寶寶打開。
? 3 寶寶發現手中的別針不見了，四處尋找。
4 最後在披肩下找到別針。這
寶寶理解即使別針不見了，
能記憶別針所在的位置。

教寶寶進食

把食物放在味覺敏感的舌尖

對於初次喝到或吃到的食物，寶寶總是會有「咦！這是什麼？」的反應。

當寶寶可以用湯匙或筷子餵食時，表示他的味覺、視覺和嗅覺都有相當程度的發展。所以，要用點技巧，才能順利餵他吃下第一次嚐到的食物。

例如，新材料製作的食物不能太燙（約近人體體溫即可），媽媽可以先吃一口，告訴寶寶：「好好吃喔！」再繼續餵他吃。

因爲寶寶本身喜歡模仿，當他看到媽媽張口吃下食物時，只要媽

餵食寶寶的要訣是，食物不能太燙，媽媽吃給他看再說：「啊！」讓他打開嘴巴，並將食物放在味覺敏感的舌尖。

怎麼咬都吃不完的海帶或牛肉乾等食物，可以增加寶寶的專注力和咀嚼能力。久了，他就會適量地吞下咬爛的食物。

媽一說：「啊！」他就會乖乖地把嘴巴打開，讓食物吞下肚。

這時要注意的是等他吃了一、二口後，再慢慢把食物放在舌尖的部位。因為舌尖的味覺最敏感，可先讓他用舌尖感受食物的味道，不要一下子就把食物放在嘴巴最裡面。

咀嚼硬物刺激腦部

怎麼咬都吃不完的海帶或牛肉乾等較硬耐嚼的食物，不僅可以增加寶寶的專注力，還能增強他的咀嚼能力。

咀嚼食物可以刺激腦部，促進腦部發育；而寶寶透過這個動作，可以增加咀嚼食物的能力，或者是更容易吞下自己咬爛的食物。

一開始寶寶容易把咬爛的食物一下子就吞下去，咀嚼一段時間以後，他就學會用舌尖控制可以吞下的食物的份量。

如果寶寶會用舌尖把食物過大的部分吐出來，表示他可以嚐試一些固體狀的食物。不管是喝飲料或咀嚼食物再吞下肚，都能讓寶寶進一步體驗食物的美味呢！

生活習慣的養成與教養

當他想摸熨斗或電暖器時，先讓他摸一下，嚐到疼痛的滋味，嚇阻的效果會更好。

嚴禁寶寶接觸的物品

進入學步期的寶寶，「活動」的勢力範圍加大，相對地可能對他造成危險的東西，或應該禁止他做的事情也會增多。

這時的訓練重點是，先對絕對不許做的事情下達「禁止令」，嚴禁寶寶自己去做。萬一他偷偷做了，即使未發生危險，也應嚴加斥責，再度禁止這種行爲。

其實若等寶寶做了，再去禁止他的效果有限；應該在他可能做之前，就先告誡他：「絕對不可以！」「不行喔！」，並不厭其煩地告訴他，直到他記住爲止。

這時期的寶寶不單是智能和感覺運動，眞實的智能也開始萌芽；

事先就要告誡寶寶，絕不可以碰觸刀子這類危險的用具。

所以，他會不斷透過觀察、觸摸、嚐試、失敗或成功的體驗，理解不同於自我的外在世界。無論如何，在這個時期一定要讓他知道，哪裡是嚴格禁止進入的區域。

第三次犯規要受到處罰

闖入禁止進入的區域的寶寶，雖聽到「不行！」的指令，有時還是搞不清楚，容易再犯。這時可能要施予輕罰，打他屁股讓他記住。如果沒有這樣做，寶寶常會忘記自己做過的事，也不知道自己爲什麼被處罰。

再者，如果下一次又闖入相同的禁止區域後，處罰應比前一次重一些；同樣的事情要重複三遍以上，才能加強他的注意。

如此，經過多次的耳提面命，一聽到「不行喔！」的禁止令的寶寶，馬上就會停止眼前闖入危險區域的動作。

要注意的是，當寶寶第二次犯規時，一定要告誡他：「再犯規，就要打屁股了！」；如果寶寶還是再犯，千萬不能心軟，要給予處罰讓他牢牢記住。

如果寶寶再度犯規，先告誡他：「再做就要打屁股！」萬一他又犯規的話，一定要打他屁股以示警戒，千萬不可縱容。

1歲～1歲半

搖搖晃晃走路期

感覺豐富的時期

和孩子說話時視線應與孩子齊高

學會走路之前的孩子，各方面的發展並無太大的差異；但是等寶寶會四處走動，會簡單地叫「爸爸」、「媽媽」時，個人的發展差異逐漸加大。

當寶寶喊出「媽媽」時，對他而言，或許是要傳達某件「大事」，或者是想跟媽媽撒嬌；不管如何，媽媽應停下手邊的工作，彎腰看著孩子和他說話。

要注意的是，媽媽從上面俯視寶寶，寶寶從下面仰望媽媽的親子對話方式，不易達到溝通的效果，親子之間也很難共享相同的世界。

如果媽媽能彎腰注視著寶寶，就能讓他透過眼睛，體會話中的含義。

多接觸語彙的孩子智能發展較好

1歲大的孩子，感覺越來越清晰；亦即，通往腦部感覺野的神經迴路的配線，至此大致完成。

尤其是已經會叫「媽媽」等簡單語彙的1歲幼兒的語言能力，都和未來的語言發展有關，需要理解及注意。

在人類的腦部擁有理解聲音強弱、周波數、聲音來源等音感的聽覺野，以及緊鄰聽覺野，可以理解語言意義的部分。其他還有發展語彙的運動性語言野，和發出聲音移動肌肉的「指揮部」。

當這些部分順利發展後，寶寶開始學會說話。嬰兒剛出生時，聽覺野和運動野就會發揮功用；但是理解語言意義的感覺性語言野，以及發展語言的運動性語言野，尚未發揮作用。

但這並不表示，過了1歲之後會開口說單字的寶寶，這些部分就能夠發揮作用，而仍不能作爲語言加以理解。

亦即，等寶寶開始了解某物體或某種行動會發出的特定聲音，或者是具有某種特殊的意義時，他也能發出相同的聲音。所以，1歲幼兒的說話，表示他知道這個單字是什麼意思。

因此，剛過週歲生日的寶寶，雖然嘴巴會叫「爸爸」「媽媽」，但不表示他已經明白「爸爸」就是父親，而「媽媽」就是母親的正確含義呢！

而嬰幼兒的理解力和出生後到週歲間，常聽到什麼聲音、對這些聲音有何反應，甚至腦部發展程度都有很大的關係。

所以，從寶寶出生後到週歲爲止，「多聽多說」是養育上的不二法則。亦即，語言若只是光聽不說，到最後連話都不會講了。

值得注意的是，語言的學習和智能發展也有很大的關聯；1歲幼兒若不常接觸語彙，不僅說話能力降低，連智能發展也會受到限制。

鍛鍊腰和背踏出穩健的步伐

除了語言之外，1歲幼兒的運動能力也是養育上的重點。

鍛鍊幼兒的腰部和背部，可以讓他踏出十分穩健的步伐。這時期的寶寶喜歡透過行動探索外在的事物。

像一個簡單的走路方式，其實就有很多值得寶寶學習的重點；如上下樓梯的姿勢、蹲姿、跌倒時手該如何放、左右腳如何用力向前走以及走路時眼睛要看哪裡等等。

刺激感覺器官

觀察・視覺

為延伸寶寶的視覺，溝通彼此的心情和想法，媽媽說話時的視線要與他同高。

視線高度一致容易溝通

寶寶在學會走路之前，各方面的發展並無太大的差異；但是，等他過了週歲，懂得和媽媽「對話」時，幼兒與同儕間的發展差異逐漸加大。

如果這時媽媽老是從上面俯視和寶寶說話，親子間的溝通就會出現阻礙。

更何況寶寶如果抬頭向上看，恐怕看不到東西真正的模樣。這種抬頭仰望的觀察方法，將不利於寶

要求寶寶「全部撿回來！」，訓練他的注視能力。

寶延伸此時重要的視覺感，以及配合其他感覺的觀察能力。所以，爲了加強親子間的溝通，和寶寶說話時，記得彎下腰來，讓自己的視線與寶寶的眼睛齊高。

視覺——注視訓練與追逐移動物體的訓練

漠然地注視和專注地觀察是截然不同的情形；想把仔細觀察到的東西存入記憶中，加以整理植入腦海的話，不可缺少這種注視的訓練。所以，可在地板放幾顆橘子，告訴寶寶：「你去撿回來！」引導他到你手指的方向去，讓他完成這個動作。

再者，讓他用眼睛追逐移動的物體，也有助於持續注視的訓練。

例如，把剪個大概的蝴蝶或汽車圖案貼在小鏡子上，打上光線投射於天花板上，移動鏡子，讓物體四處移動。這時別忘了和寶寶一起躺下來觀看，再加上生動的故事，相信他一定會深受吸引。

在觀看近物的同時，也別忘了注視遠方的物體喔！

讓寶寶的眼睛追逐移動的物體，再一邊和他說話，增加對話的趣味性。

「拿出紅色的襪子！」如果寶寶做得到，表示他可以分辨顏色了。

比較不同的顏色、物體的大小和輕重

從生活中認識不同色調或色感的東西，有助於寶寶培養自己對顏色的認知。

這個時期的訓練重點是，與其教他認識顏色的名稱，倒不如先讓他學會分辨顏色與色調。

除了區別顏色之外，了解物體的大小和重量也是此時的重點。

大人會各自使用左右腦，理解東西大小的不同；而1～2歲的幼兒則使用直覺了解法，即右腦的作用。

順便說明的是，以器具測量東西大小的智能表現取決於左腦的功能。所以，不要空泛地教他什麼是大小，應該透過生活周遭的物品，如「爸爸的衣服好大！」「寶寶的衣服好小！」，讓他實際看到、聽到大與小的差異。像物體的重量也是一樣，要讓他用手實際感受輕與重的不同。

從生活中體會物品的大小，也是十分重要的體驗。

搖搖晃晃走路期（1歲～1歲半）

從遊戲中學習大小的差異。

「喜歡哪一個？」的遊戲可訓練決斷力和判斷力

當寶寶看繪本或對電視出現反應時，媽媽可以問他：「你喜歡哪一個？」這種從多個中選出一個的訓練，可以加強他的決斷力和判斷力。

這時寶寶爲了選擇，必須自行思考做出判斷，這就是腦部前額前野的作用。嬰幼兒自行思考再做判斷一事，有助於自我人格的確立。

透過「喜歡哪一個？」的遊戲，訓練決斷力和判斷力。

仰望訓練幫助視線與身體的協調性

嬰兒的視野十分狹隘，必須經常訓練周邊視覺，才能讓他的雙眼靈活轉動，逐漸加大視野的範疇；所以，有空應該多帶孩子去公園或外面看看周遭的景物。

這時期重要的訓練是，從正面觀察物體的練習；這時的觀察角度絕不可以歪掉。

其他重要的訓練則是，視線與身體動作的協調性。這時採取由下仰望物體的姿勢效果最好；對1～2歲的幼兒來說，從上往下看東西很簡單，但是要從下面往上看就有點困難了。

如果寶寶想要抬起頭向上看，若沒有發達有力的下半身撐起上半身的重量，實在有些吃力。這時，媽媽可以把玩具掛在天花板，或從二樓出聲叫他，讓寶寶有機會向上看。

不論是從上面或由下面的角度觀察物體，不僅可以更加理解物體的本質，也會讓寶寶的看法及想法更具變化。

常去公園或外面散步，看看周遭的景物，可以擴大視野，培養好奇心。

抱著朝前看 增加視野的幅度

把寶寶向前抱起來，或儘量提高他的視線高度觀看百貨公司的商品或外面的景物，都是可以助長其視野的訓練。

所謂的教導與記憶，不外是讓寶寶多方嚐試，經由眼、耳和皮膚的感覺，吸收所見所聞的訊息吧！

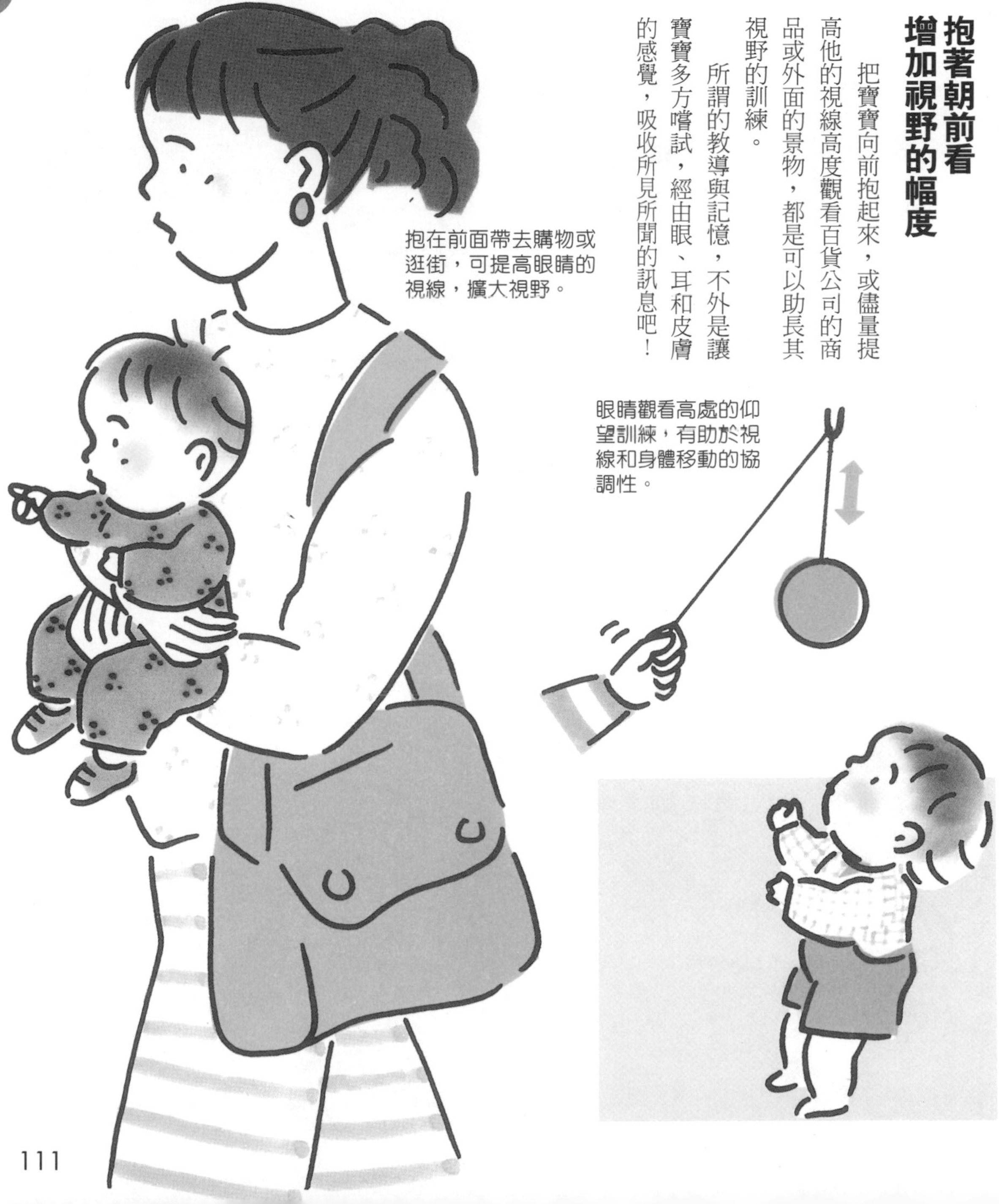
抱在前面帶去購物或
逛街，可提高眼睛的
視線，擴大視野。
眼睛觀看高處的仰
望訓練，有助於視
線和身體移動的協
調性。

觸感（皮膚的感覺）

重視手腳的感覺 鍛鍊皮膚感覺

當皮膚受到刺激後，位在腦部將此訊息與過去的記憶進行比對的神經迴路發揮作用，而讓人知道它爲何種刺激。不論是冷、熱、痛、碰觸或壓擠等感覺，都是生物體活著的重要知覺。

像這種皮膚感覺（觸覺）越是少用則越遲鈍。在寶寶3歲之前，正是觀察、體驗，學習正確記憶的黃金時期，應該多多增加他各方面的接觸。

一般而言，嬰幼兒都很喜歡柔軟的觸感。所以，你經常可以看到寶寶把布丁、豆腐或香蕉等食物捏在手上把玩，再放到嘴巴嚐一下味

玩泥沙是一種很重要的觸覺刺激，有機會多讓寶寶試試。

寶寶都很喜歡揉捏軟物的觸感；揉麵糰時，他就是一個好幫手喔！

道，且樂在其中。這時不要一味地禁止他做這種嚐試，不妨等他體驗夠了，再告訴他：「不可以把食物當作玩具喔！」

同樣地，玩泥沙也是孩子的最愛，先別怕寶寶弄得一身髒，這種觸覺刺激十分重要。如果住家附近不適合玩泥沙，可以揉捏麵糰取代，也有不錯的觸覺效果。

用手抓物體驗物體的軟硬

讓寶寶實際接觸物品，再把物品的特性，如輕重、大小告訴他；比方說，「這條浴巾很軟！」「那一條更軟呢！」讓他學習柔軟度的差異。其他像物體的大小、輕重、能不能拿得動等等，都是很好的訓練。

像有些比較重的東西，可以問寶寶：「你拿得動嗎？」即使他拿不動，他也從中明白有很多東西都是自己拿不動的這個事實。

多讓寶寶體會軟、硬、拿得動、拿不動等各種感覺。

再次吸手指頭的心理因素

嬰兒於口腔期會有吸手指頭的習慣很正常，但是這時期的寶寶再度出現這個癖好的話，一定有某些因素，要儘早加以解決。

當寶寶又有這種行爲時，你會發現他還喜歡把玩毛巾或圍兜的邊邊，不再單純追求口腔的觸感。其成因多半是心理因素，心中有所不滿而引發的代償行爲。正因爲此時吸手指頭可以帶給他莫名的快感，想要禁止就難上加難了！一旦寶寶熱中於吸他的手指頭，對外面的世界不再感到興趣，活動能力減弱，也妨礙了智能的發展呢！

養成習慣之前一定要加以矯正

如果找出寶寶又吸手指頭的原因，儘早幫他戒掉以免養成習慣。

像寶寶如果是欲求不滿或過於寂寞，媽媽就要更花心思滿足他的需求；戒掉這種習慣的寶寶，整個精神狀態也會跟著好起來。

當他又把手靠近嘴巴後，可以

為什麼他愛吸手指頭？
為什麼？
究竟是為什麼呢？
每天都很忙的孩子，自然沒有吸手指頭的時間。
好忙！好忙！
越早找出寶寶吸手指頭的原因，越能儘早阻止寶寶養成習慣。

問他：「怎麼吸手指頭啊？」「爲什麼要吸手指呢？」，隨時提醒他不要再犯。

一旦寶寶養成吸手指頭的習慣後，再想幫他戒掉，常會使母子之間精疲力竭。如果發現寶寶已經出現手指頭腫脹、下巴有點變形的跡象，媽媽可得下定決心，花個3、5天的時間讓他戒掉這個習慣。一旦他把手放到嘴巴，就撥開他的手，再次告誡他：「不可以！」千萬不能因爲寶寶嚎啕大哭就心軟，也請身邊的家人一起配合。如果寶寶每天都很忙碌又充實，就沒有時間或機會吸手指頭了。

不可以！

如果不嚴格禁止，寶寶很難改掉吸手指頭的習慣。

你的手會變成這個樣子喔！

不可以吸，要忍耐！

誘發運動

身體和手腳靈活運用

媽媽幫寶寶的手指併攏，再抓著他的手，做出正確的拿法；學會正確拿法的寶寶會信心大增，提高學習的興趣。

教他正確方法運用雙手

寶寶要學習正確的方法拿筷子或蠟筆等物，才能靈活運用雙手。

一旦拿的方法正確，觸及筷子或蠟筆的皮膚受到刺激後，感覺訊息被送至腦部，做出正確的運動。所以，開始時可以抓著寶寶的手做出正確的拿法。

如果放任寶寶以自己的方式拿蠟筆或筷子，不講求正確的方法，

把紙張撕成膠帶狀是基本的訓練方法。

即使他很早就會拿了，發展仍會遲緩。更何況，這時肌肉的運作方式也不正確，一旦養成習慣，要矯正可就難了！

雙手充分運用助長發展

不管是什麼樣的動作，聰明的寶寶都很快就學會了；當他想嚐試拿蠟筆或筷子時，正是教他正確拿法的大好時機呢！

1～3歲的寶寶都很喜歡撕紙的遊戲，這種遊戲正好可以訓練指尖的靈活度，也同時運用了雙手。所以，媽媽先把紙張撕成1～2cm寬的膠帶狀，排列整齊再對折；然後讓寶寶學著做。這時媽媽可先將紙張折出線條，方便寶寶撕開，再讓他運用指尖的力道把紙撕開。

像這樣，讓寶寶的指尖做一些扭轉的小動作，有助於他整雙手的靈活運用。

過了1歲之後，寶寶慣用哪一雙手的現象越來越明顯。不過，因左右手使用的靈巧度尚無差異，這時期應多讓寶寶練習雙手運用。

因此，可以透過飲食、遊戲或繪畫等日常生活中的事宜，讓寶寶有使用雙手的機會；據說十分靈活的人類雙手，能夠順利地從事不同的範疇呢！

搓泥沙丸子，是一種訓練雙手分工合作的有趣遊戲。

抓起小珠子放進杯子，也需要運用雙手；這時，比較沒力的左手可以抓著杯子。

「我來做做看！」多讓寶寶嚐試體會成功和失敗的滋味。

對寶寶而言，下樓梯比較難；所以，先觀察他的爬法是否正確，學會之前嚴禁寶寶上下樓梯，以免發生危險。

凡事都想嚐試的時期

所謂靈活的手勢動作就是，拿東西的姿勢很正確，運動的過程十分順暢，且不會用到多餘的肌肉。如果寶寶這時還不太會抓、捏、握東西，也走得搖搖晃晃，恐怕這種手指的訓練也無法順利進行。如此，手指的訓練時間可能過早，最好再緩一緩。不過，等寶寶說：「我來做做看！」，想嚐試任何事物的時期來臨的話，就要充分利用他的積極性，讓他多方嚐試，即使如

倒立可以訓練寶寶的平衡感。

在近距離內，和寶寶玩滾球遊戲。

同預料的一樣失敗也無妨。

總之，當寶寶表達出「我也會做！」的念頭時，媽媽就要加以鼓勵；等他眞的完成了，再好好誇獎他。受到激勵的孩子，腦中會湧現快感，進而重複去做相同的動作。而在大腦內一被稱爲報酬系統的部位，則會加強寶寶重複這些相同動作的傾向。

再者，因爲位在耳朵內側的感覺器官受到刺激後，眼睛、雙手和雙腳的肌肉都會發揮作用，故這時可以教他倒立爬行訓練平衡感。

打開世界的窗
（增加對外在世界的認知）

教寶寶進食

輪流給寶寶吃濃味及淡味的食物，在味道上形成對比；如此訓練他的味覺，自然會產生喜惡。

對比性的味道促進味覺發達

一般來說，寶寶都偏好味道較重的食物；但習於甘醇牛奶味道的舌尖，卻有讓寶寶陷入酷愛甜食的危機。甜味會引起快感，寶寶當然很喜歡；而且內含的糖分，還是供給能量活化腦及細胞的一大來源。

但是別忘了一件很重要的事：單靠

先教寶寶正確地拿湯匙吃東西。

這時的寶寶肯定常吃的一場糊塗；媽媽不要急，多鼓勵他自己進食，千萬不要說：「瞧，你又把東西灑出來了！」或「趕快吃！趕快吃！」

糖分無法維持生命的運作！

所以，應該讓寶寶嚐試味道對比、濃淡不一的食物，培養他本身的味覺，讓他對食物產生喜惡感。

像不愛吃的食物味道要加重，愛吃的東西味道清淡些；若一直偏好吃某種食物，可將味道稀釋些。

讓寶寶專心進食

如果寶寶想要自己嚐試進食的話，可以教他正確的湯匙拿法，讓他專心用餐；千萬不要跟他說：「不可以把食物灑出來！」「要吃快一點！」以免造成他的心理負擔。

如果想讓寶寶儘早學習自己吃飯，最好用鼓勵的方式取代責罵，並讓他覺得即使弄髒衣服、食物灑出來也無所謂。看似平常的吃飯動作，寶寶卻是一定要拿好湯匙或筷子，抓穩了碗盤，對準食物迅速送入口中，充分咀嚼再全部吞下去；哪邊的環節出錯了，他就會把東西灑得到處都是。

一旁的媽媽別忘了要提醒他：「要嚼爛喔！」或者多為他加油！

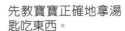

聽與說

鈴…鈴…鈴…電話來囉！
熊寶貝慌張地從椅子上摔下來！
鈴…鈴…鈴…「喂…等一下…」
「喂…我是熊寶貝…啊！是兔寶寶！你好…你好！」
鈴…鈴…鈴…
咚！

寶寶每天聽簡短的對話，有助語彙的發展。

說正確的語彙而非童言童語

嬰幼兒的發音雖不明確，但他會模仿周遭人所發出的各種聲音，加上不成熟的童言童語對孩子的腦部發展沒有幫助，所以家人最好不要說或重複這種童言童語。再者，孩子是健忘的動物，經常忘記學會的事，而必須重新學習呢！

像這種模仿大人說話的語言發展期十分重要，避免只對孩子說單

和媽媽一起去散步！

正確的語彙比童言童語更能促進腦部的發達。

字，最好說兩個字或簡短的句子；只要每天讓孩子聽，他很快就學會說話了。

有時雖是短句，孩子還是不易理解；所以，最好以他可以想像得到的身邊的人或動物的語氣和他說話。重要的是，利用簡單易懂的語彙，描繪出視覺上可以看到的事物。

促進口部發達 儘早會說話的遊戲

寶寶想要開口說話，重要的是，口部的動作或呼吸的方法要很順暢。以下就介紹幾種可以進行這方面訓練的遊戲：

●咕嘟咕嘟吹氣泡：教寶寶用吸管對著杯子裡的水吹泡泡，學習使用口和鼻呼吸。

●吹口琴：學會控制口中的空氣，再慢慢地吐氣；若能吹出聲音，一定會欣喜若狂，吹喇叭的效果也不錯。

嘴巴的動作或呼吸氣息強弱控制得宜的寶寶，長大後身體的運動方式也比較流暢；所以，趁寶寶還小，一定要多讓他做這類的練習（參考148頁有進一步的說明）。

訓練口部發達的遊戲，可以讓口部的動作或呼吸的方法更正確。

激發他的好奇心

虛擬遊戲培養複合感

語言尚未十分發達的寶寶，會模仿曾經看過的事物或動作。

例如，用積木或盒子當作火車行駛發出「嘟……嘟」聲，把自己當作車子跑來跑去或者鑽入虛擬的隧道中等等模仿的遊戲，都是智能相當發達的證據。

這時，寶寶會一面發出聲音：「火車來了！火車來了！」一面移動身體增加趣味性；所以，百貨公司、遊樂場或超級市場等地方，都可以讓他增加新的體驗。

一旦腦中增加了複合感的象徵訊息後，他對人物的印象就會更大更深刻。

書本當作隧道，積木當作汽車的模仿遊戲，可以增加孩子各方面的體驗。

親子遊戲樂無窮

和大人一起遊戲，可以促進孩子的智能發展；尤其他這時最喜歡模仿大人的動作，應該多讓他玩一些說話、活動身體的遊戲。

如果爸媽有不同的法寶，這時都可以拿出來秀給孩子模仿。

這時的孩子就像一塊海綿，不論好壞行爲都會模仿，大人所有的生活習慣或行動，通通照單全收。

騎馬馬似乎是每個小孩都愛的遊戲；這對語言的發展或運動的刺激，都具有良好的效果。

和大人一起玩，可以幫助寶寶智能的發展。

其他像玩球、堆積木等遊戲，都需要花時間，正好可以培養他的專注力。

如果寶寶喜歡畫畫，臨摹動植物或其他物體，再加上故事解說，更是最佳的遊戲。像這種透過圖形取代語言、態度表現感情或思慮的訓練，對腦部的發展相當有幫助。

遊戲時不要給他點心以增加專注力

就訓練寶寶專注一件事情的方法而言，當他熱衷於某一遊戲時，不可給他點心吃爲最大的原則。

先讓寶寶專心玩某種遊戲，等點心時間到了，休息一下再吃，然後繼續另一種遊戲；如此的轉換動作可讓寶寶體驗動和靜的差異，增加專注力。學得專注與轉換能力的孩子，頭腦的變換動作才會靈活。

等寶寶習慣這種訓練，選幾個他喜歡的遊戲，在專注與轉換中增加變化；相對地，他也能從中體驗喜惡之情，學會何時要耐心等待。

久了以後，寶寶自然知道碰上

寶寶玩的正開心時，即使點心時間到了也不要給他吃；玩膩一種遊戲後再教他新的遊戲，絕不要讓他無所事事浪費時間。

不喜歡的事要忍耐，或者是如何閃避那些討人厭的事情，進而助長了自我的判斷力。

體力極限運動可增加專注力和爆發力

讓寶寶集中注意力去完成一件事情的重要性，在孩子身心的發展上自是不可言喻。

像這種一天只做一次的體力極限運動，正是最佳的訓練方法。

一天一次的體力極限運動，可增加他的專注力和爆發力。

等遊戲結束稍作休息再給他點心吃，讓寶寶體驗動和靜的差異。

等寶寶會走會跑了，媽媽一刻也不敢鬆懈，唯恐發生危險；但別忘了越能四處走動的孩子越健康，還是不要過度限制他的行動自由。

媽媽可以多設計一些孩子喜歡的遊戲和活動，讓他的體力充分發揮與運用，進而培養他的專注力和爆發力。

雖然有時孩子會出現四處搗蛋或捉弄別人的「脫軌」狀況，但從專注力來看，其實是十分可喜之事。只是玩過之後，靜靜地和他說說話，讓他的情緒冷靜下來，才能充分地休息。

斥責孩子的六大原則

這時期的孩子大概懂得如何因應媽媽的嘮嘮叨叨，或者是歇斯底里的怒罵等等負面的情緒，有相當的智慧去評估媽媽這個「發飆」的情緒正處於何種狀態。

未說清楚原由的斥責，實在不是一個好習慣。媽媽對孩子的對與錯，若完全取決於自己當日的心情，會讓孩子無所適從，無法建立正確的生活態度。

所以，即使要罵要罰孩子，一定要讓他明白被處罰的理由；而處罰孩子要注意以下的六大原則：

①一次不可指責太多事情。
②不要絮絮叨叨念個沒完。
③清楚說出責罵的原由。
④就算有第三者在場，立場仍然不改變。
⑤別提陳年舊帳。
⑥一做錯事就要提出指正。

透過疼痛認識體罰

1~2歲的幼兒犯錯時，除了斥責以外，有時候也要給予適當的體罰；這都是保護寶寶安全的必要

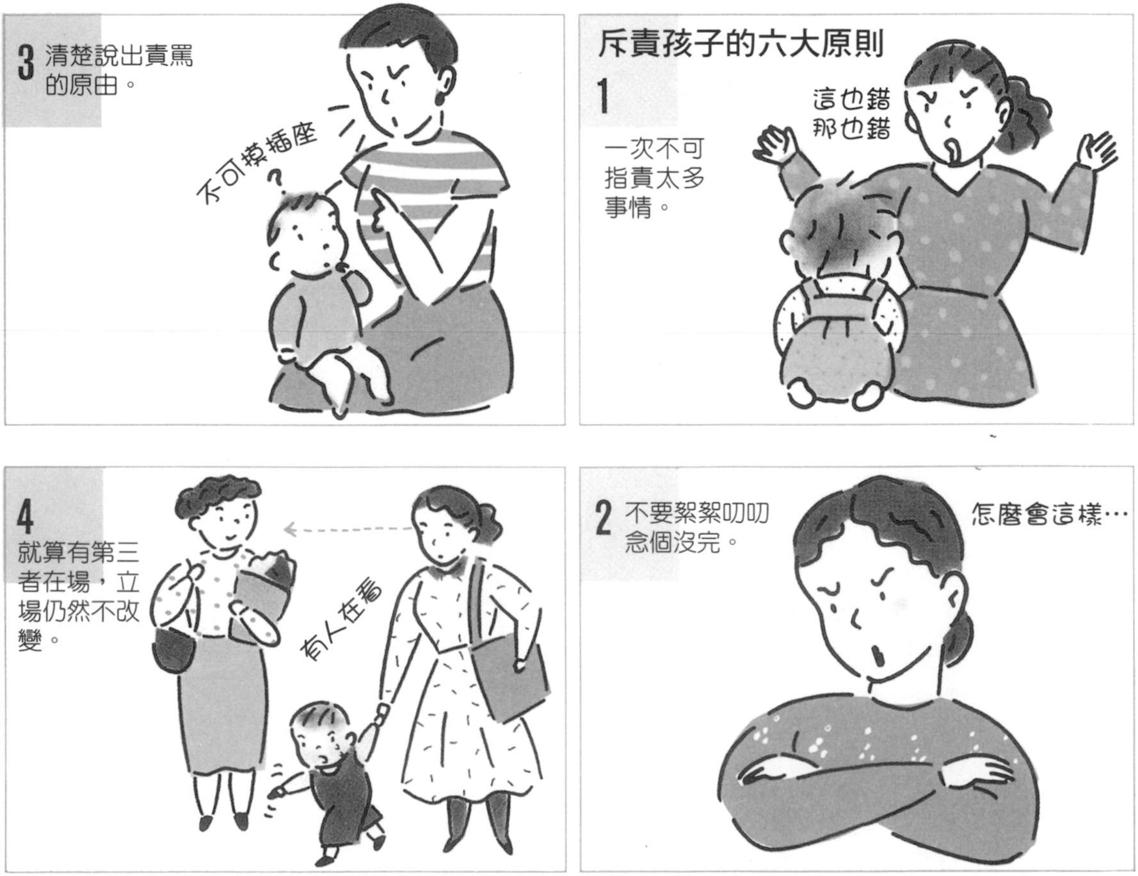
斥責孩子的六大原則
1
一次不可指責太多事情。
這也錯
那也錯
2
不要絮絮叨叨念個沒完。
怎麼會這樣…
3
清楚說出責罵的原由。
不可摸插座
4
就算有第三者在場，立場仍然不改變。
有人在看

措施。

　不過，斥責孩子時還是要站在他的立場設想。尤其是體罰，因爲遭殃的是孩子，除非他不遵守正確的規則，否則不要隨便體罰孩子。而且應該事先就告誡他：「你下次再犯，就要打屁股了！」如有再犯才處罰他。至於處罰的時機以出現違規行爲時最好，而透過疼痛感也可以讓寶寶認識所謂的處罰。

不可擅自離開媽媽的身邊！

1～2歲幼兒行為失當時，可給予輕微的體罰。

不可使用傷人自尊的字眼斥責，尤其在別人面前。

5 別提陳年舊帳。

你之前也…

6 一做錯事就要提出指正。

不可以喔！

親子之情始於互信互守

寶寶針對外界的刺激出現反應及行動，提高了理解外在世界的能力，將對外界的認知烙印於腦海中。這時腦部由大腦皮質這個部分發揮作用；但是一味地強化大腦皮質，恐怕會使幼兒教育失之偏頗。

當大腦對刺激出現反應時，會一再重複這個反應似地發揮作用；而這種重複出現反應的養成教育十分重要。

遵守和孩子的約定，如果他做到了一定要讚美他，親子間的感情才會更好。

這時的寶寶能幫忙的事有限，一旦做到了，媽媽要好好鼓勵他喔！

在媽媽和寶寶每天的刺激與反應的互動間，「教養」逐漸萌芽茁壯；甚至是未來的個性或習慣，也都經此開始出現。

在教養孩子時，最重要的原則是，和孩子約束的方法以及彼此遵守的方法。一旦已經和孩子達成約束，就不該出現例外的情形。

如果你告訴寶寶：「媽媽30分鐘以後就回來！」就要遵守規定於30分鐘後回到他的身邊。

如果孩子也很配合，遵守了彼此的約定，一定要好好讚美他。

學當小幫手 促進親子溝通

模仿媽媽做事，學著當小幫手也是這時期重要的教養訓練之一。寶寶都很喜歡媽媽，一旦覺得受到媽媽的信任與寵愛，在人格的形成上具有正面的意義。所以可以對寶寶說：「請幫我把東西拿過來！」等他眞的做到了再好好稱讚他。

像這樣學當小幫手的教養，對親子間的刺激與反應都十分重要。

1歲半～2歲

步伐穩健期

擴大行動範圍的時期

從日常生活中訓練色感

從1歲半~2歲這個幼兒期，如同嬰兒期一樣，需要讓他碰觸所有的感覺，給他豐富的體驗。

到1歲爲止，感覺野的神經迴路通道大致底定，過了1歲以後，孩子可以體會到更加細膩的感受。

當孩子接觸許多東西，受到各種不同的刺激後，感覺野和頭頂聯合野會陸續發揮作用；如果刺激不足，頭頂聯合野無法發揮作用，會變成感覺遲鈍的孩子。在感覺中尤以視覺最爲發達。在孩子2歲之前，若不給他看各種東西的形狀或顏色，他會變成一個無法分辨形狀或顏色的孩子。

所以，我們要從日常生活中訓練孩子，多看有顏色的東西或加強他對色彩的認知，才能讓他認識顏色的存在意義。重要的是，透過與

生活息息相關的東西，幫助他認識顏色為一捷徑。對2歲的幼兒來說，擁有豐富的色感比說得出東西的顏色，來得重要多了。

專心的注視幫助大腦的發展

2歲的幼兒和1歲的寶寶相較之下，凝視物體的中心視線時間加長了；醒著時候有一半的時間，都是用來四處觀看物體，甚至探索物體。就在這觀看一來一往的不斷刺激下，幼兒不僅是用視覺，也加了其他的複合感覺認識及學習外在的事物。

再者，以眼睛追逐周遭可見的事物的中心視線，也首度充分利用了具備反射效果的神經迴路，使其功用更得以發揮。

因為想要看什麼東西而用眼睛跟著看的「追視」，據說可以充分發揮腦部神經迴路的作用。在之前以反射動作觀看物體的時期，大腦用得並不多；但等到幼兒自發地想看某物時，腦部就得以積極發揮它的功效了。

所以，平常若有空，應該多帶孩子去百貨公司或超級市場，多看看外面的世界，多方進行讓孩子專心注視的訓練。

不過，幼兒要等到5～6歲，視力發展才會像大人一樣；所以，一定要專心才能一直盯著微細的小東西。最近專家以貓、狗做實驗發現，看東西時會用到調節眼部水晶體的肌肉；所以，如果持續注視過久，過度使用這個肌肉的話容易近視。因此，記得看過近物之後也要看看遠方的東西，讓這個調節肌充分的休息。

各種運動鍛鍊神經迴路

這時期的幼兒雖然步伐比較穩了，但這並不表示他們就能夠充分地活用自己的手腳；還是要透過不斷地練習，確實運用了每個部位的肌肉，才能對準目標採取行動。

所以，幼兒的運動是一面充分運用與生俱來的反射迴路，同時逐漸增加可經由意志力運動的種類；重要的是如何落實這些運動，且延長運動的時間。

幼兒利用的運動反射有脊髓反射和迷路反射。

所謂的脊髓反射是指，手指一覺得痛就立即縮回的反射動作，或者是肌肉受到牽扯時，此肌肉被拉開或功能受限的反射。

迷路反射則是左右晃動身體，或快摔倒時又被拉回的平衡反射動作。這兩者都是落實運動行為能力的重要反射；而且，脊髓的神經迴路在出生時就已經完成50％，到了1～2歲全部成立。所以，這時期的幼兒正好適合進行各種運動的訓練，好好地鍛鍊這些神經迴路。

刺激感覺器官

觀察・視覺

需要更加複雜的色調訓練

視覺是一種特別發達的組織；2歲之前的幼兒若無充分的物體形狀或顏色刺激，他終會看不到形狀和顏色，嚴重的話會失明。假設一個孩子貞的住在暗無天日的房子2年，到最後他的眼睛根本無法分辨東西的形狀或顏色，那將是一件多麼可憐的事啊！

所以，這時要多讓他體驗色彩感，對未來的發展才有正面幫助。

一開始寶寶會分辨紅色或濃淡色澤明顯的物體；1歲半左右，必須讓他學習更加複雜的色調。

比方說，把五顏六色的刺繡線擺在盒子裡，告訴寶寶：「幫我拿深藍色的線來！」或者是「紅色的線全部拿過來！」透過這種訓練，讓寶寶早日學到正確地分辨顏色。你也可以問他：「寶寶喜歡什麼顏色？」訓練他的決斷力。

1歲半以後的寶寶可以學習複雜的色調，增加對顏色的認知。

喜歡靠近會動的物體要注意安全

眾所周知，這時的寶寶充滿了好奇心，尤其看到會動的物體，更是不自主地靠過去。雖然專家還不是非常清楚，孩子要到幾歲才不會一看到視線邊的東西就靠過去，但可以確定的是，像汽車之類的交通工具，並無法馬上煞住。所以帶寶寶出門時，一定要特別注意安全，千萬不要讓他突然跑到馬路上或離開大人的身邊。

幼兒常被會動的物體吸引，
父母要注意他的安全。

百貨公司或超市是最佳的訓練場所

對幼兒來說，所謂的教導與學習就是重複多次的經驗，經由眼、耳與皮膚吸收各種訊息。

經常有機會多聽、多看、多接觸的幼兒腦部，自然會有豐富的感覺與體驗。

從這個觀點來看，百貨公司或超市正是可提供多種機會與種類，刺激腦部發展的最佳學習場所。

不過，要避開人潮以免影響學

百貨公司或超市都是刺激各種感覺的訓練場所，媽媽應該多和他說話。

習品質。而且不是放任孩子自己摸索，應該和他一同觀看、觸摸加以解說，寶寶的認知才不會偏頗。

像「這種藍色，藍得好漂亮！」「這條魚會發光呢！」都是可以加深學習印象的語彙。

一看就知道大小的訓練

寶寶一開始都是以直覺判斷物體的大小。雖然說出大小了，但還是看不出寶寶判斷的基準爲何。

所以，如果只是教寶寶：「這朵花很大！」恐怕他還是不知道怎麼樣才算大。應該是告訴他：「這朵花比那朵花大！」進而理解其中的差異。

例如，把他的衣服放在爸爸的衣服上，如果寶寶會告訴你：「爸爸的衣服比我的大」，表示他已經知道什麼叫作大。

像這樣教孩子透過眞實的東西分辨其中的差異，進而做出正確的判斷，才是有效的訓練方法。

寶寶可以從生活中體驗物體大小的差異感，用實物取代語言的解說效果更好。

觸感（皮膚的感覺）

光著腳踩水、玩泥沙等等觸覺刺激，都是寶寶體驗外在世界的窗口。

觸摸眞實物體 延伸手腳的感覺

不同於其他的感覺，觸感更需要積極地觸摸與探索。這時的幼兒會用手抓物，透過觸摸得知物體的特性；或者是用腳踩踏來感覺。

在這一投一撿、一踩一踏間，幼兒不斷接收外在的訊息，把這些訊息送至腦部促進智能發展。

所以，這時要多讓孩子接觸外面的世界，增加各種刺激與訊息。

像光著腳，直接用肌膚接觸各種物體，可以增加不同的感覺。所以，踩水、玩泥沙或走在石子路等遊戲，都是不同感覺的來源。

不管什麼樣的感覺，對孩子而言都是第一次，有時他們會出現厭惡的表情。像有些孩子就不喜歡黏黏、濕濕滑滑的感覺；這時不要勉強他一定要去摸，等下次再試試看。奇怪的是，如果媽媽也加入遊戲行列的話，孩子們這種抗拒的行爲會少很多，而且樂此不疲呢！

觸摸日常生活中常用的東西

利用日常生活中常用的東西做觸摸體驗，效果非常好。例如，把手放入米缸中抓一抓、拿一塊麵團捏一捏等等遊戲，都可以增加觸覺的感受。

像這樣，經由觸摸各種不同的物體，能使孩子的觸感更敏銳，理解物體極微細的差異呢！

多接觸日常生活中的各種東西，可以訓練觸覺。

誘發運動

身體與手腳靈活運用

正確地拿鉛筆是十分重要的訓練

1歲半～2歲幼兒的手的靈巧度，大概勉強可以握住或捏著微細的小東西；所以，讓他多抓、捏、握各種不同的東西，自由自在地運用雙手的訓練十分重要。

這時的幼兒力道不大，但因可以自由地運用手指頭，故能拿起有點重量的東西，或拿著鉛筆之類的細物畫圖呢！

旺盛的好奇心是這時期寶寶最大的特色，他們對任何事物都充滿興趣，尤其想要拿筆畫畫或寫字。

用大拇指、食指和中指，教寶寶正確地握筆，再練習畫圓形或直線；如果中途握筆姿勢錯誤，記得一定要再度指導他。

雖然他們畫出來的圖形並不完整，但是只要給他們鉛筆、原子筆或蠟筆，他們就可以牢牢抓著開始「作畫」呢！

要注意的是，這時一定要給寶寶正確的握筆觀念，教他正確的握筆方法，千萬不可因他還小就敷衍了事，以免學不到正確的方法。

有時雖然握筆方法正確，寶寶還是畫不好時，媽媽可先用手抓著他的手，慢慢地教他畫出最正確的線條或筆劃。

配合呼吸節奏畫出直線和圓形

圓形和直線是最基本的繪圖線條；就算是大人，有時也很難畫出筆直的直線或漂亮的圓形呢！

所以，這時寶寶畫出來的圓形可能都是歪七扭八，不太像圓形。媽媽可以抓著他的手把筆拿好，發出「哇！」的聲音一口氣畫出圓形或直線。寶寶配合呼吸的節奏做出手部的動作，學習到除了語彙外，也可以透過圖畫表達自己的思想或感情。

配合呼吸，一口氣畫出直線或圓形。

下樓梯的訓練始自體重的移動和腳底的感覺

這時期的寶寶很喜歡透過「行動」，探索外在的事物；像上上下下爬樓梯就是這時最有趣的事。

不過，爬上樓很簡單，爬下樓可得好好斟酌一番，才不會摔得唏哩嘩啦吧！

剛開始先讓寶寶利用椅子或箱子，往後面溜下似地移動身體的重量，練習如何爬下樓梯。

一旁的媽媽可以輕輕托著寶寶的臀部，幫他順利地移動身體，體驗腳底的感覺；多做幾次，他就知道下樓梯時，哪些肌肉需要用力，腳應該放在哪裡了。

在寶寶學會單腳向下踩，穩當地走下樓梯之前，千萬不要讓他單獨爬上去，以免發生危險；等他學會下樓梯，再讓他自己爬爬看。

下樓梯的動作比較難，可先用箱子讓寶寶練習滑下來，再讓他實地爬下樓梯看看。

抬頭挺胸地坐著、雙腳打開，背部貼著牆壁或門，或是牽著他的手，讓他踮起腳尖走路，都是伸展背肌的最佳訓練，一天約做一次即可。

訓練蹲姿鍛鍊腰背肌肉

訓練寶寶做出蹲下的姿勢，可以促進他的腰及背部肌肉發達。

像彎著腰、重心移到膝蓋以下坐著或蹲在地上玩耍等動作，都可以強化寶寶背部或腰部的肌肉，讓他的動作更加成熟。

此外，背肌筆直拉出的訓練也十分重要。這時可以讓寶寶抬頭挺胸地坐著、雙腳打開，背部貼著牆壁或門，或者是牽著他的手，讓他踮起腳尖走路，都是伸展背肌的最佳訓練，一天約做一次即可。

蹲下的姿勢，可以促進寶寶的腰及背部肌肉發達。

玩球是培養複合感覺的良性刺激

這時的寶寶雖然會走了，但手腳還不是很靈活；所以，要不斷地讓他運用手腳做些運動。

幼兒的運動可從善用與生俱來的反射迴路，逐漸增加藉著自我意志進行的運動種類。所以，這時期寶寶需要練習各種不同的運動，刺激腦部的發展。

尤其是雙手或指尖的活動，可以直接對腦部傳達刺激，故使用雙手做運動的練習當然十分重要了。

例如，和媽媽一起玩球就是一個很好的遊戲兼訓練。這時的寶寶要用雙手、對準目標、注意球轉動的方向，可以充分刺激腦部，延伸他的複合感覺。

按電視開關或倒水訓練手指頭

接下來要讓寶寶做十指自由活動的練習遊戲。例如，讓他一手壓著紙，一手用剪刀把紙剪開；或者是雙手用力抓住小東西，強化指尖的力道，並且自由地運用手指頭。

這時，玩球的距離比119頁的還要遠。這種運用雙手、對準目標、注意球轉動方向的遊戲，可以延伸寶寶的複合感覺。

其他像按電視開關，也是一個很好的手指頭練習。

不過，可別讓他一直按著玩，以免偏離了訓練的主題。

當寶寶學會雙手靈活運用地遊戲或做個小幫手，而非只是使用慣用的那一隻手時，表示他在這一方面眞的有很大的進步。

像把這杯水倒進另一個杯子，也是需要使用雙手，集中注意力的訓練；即使水灑出來也沒關係，讓寶寶保持高度的信心和興趣。

按電視開關、這杯水倒進另一個杯子的訓練，可以增加手指的靈活度。

反覆聆聽喜歡的音樂

這時期的寶寶已經有能力，分辨狗吠聲、喇叭聲或水流等等不同的聲音。

而且對於愛聽的童謠等音樂，聽再多也不膩，也具有分辨音階的能力。所以，可以多讓他聽聽自己喜歡的音樂。

你是否也發現這時的孩子老愛盯著電視畫面看，或是隨著音樂擺動身體？這時的教養重點是，不要把電視或收音機當作催眠的工具，應該視為教材之一；既然是教材，教導的方式自然也不同。

既然現代人的生活離不開電視

電視、收音機或錄音帶等等都是育兒的法寶，多讓寶寶在固定時間聽喜歡的音樂。

或收音機，不妨好好地利用它們。所以，應該讓孩子反覆聆聽自己喜歡的音樂；亦即，重複聆聽才有最大的效果。重點是選在一天固定的時間，聆聽相同的音樂。

組合兩個單字練習說話

當寶寶會學媽媽的話時，表示他已經開始發聲的練習。

如果寶寶會說「媽媽」「筷子」的話，媽媽可以組合這兩個單字變成「媽媽的筷子」告訴他，再等他學著說出這兩個字。有時候媽媽說：「到外面玩吧！」寶寶卻只說出：「外面」「玩玩」；這時別灰心，還是要繼續組合單字讓寶寶練習說話。

當寶寶正值這個喜歡模仿的時期，媽媽千萬不要只教他片面的單字，應該由長長的句子裡選出一個一個的單字，進一步說出具有某種意義的語彙。如此，練習時間久了，寶寶到了某一個時期會出現爆發性的語言能力呢！

當寶寶學會組合兩個單字後，從某時期開始就會爆發性的說出一大串呢！

使口腔發達、舌頭靈巧的訓練

口腔靈活地活動有助於語言的學習與發展；就說話的基本條件來看，可以參考123頁所介紹的口部移動法或呼吸方式，促進口腔的發達。

在這裡要另外介紹吹泡泡或吹玻璃紙遊戲。所謂的吹玻璃紙遊戲就是把嘴巴貼近玻璃紙，發出「啊」或「咿」的聲音。一開始寶寶可能吹得口水四濺，等他練習一段時間，玻璃紙不再弄濕，順利發出聲音的話，就已經具備了會話的基本要件了。當他會唱歌、會製造聲響，表示嘴唇、聲帶和呼吸之間的合作技巧越來越成熟了。

這時讓舌頭動得更靈巧是最重要的訓練。像捲舌或振動舌頭發出聲音的遊戲，都很有效。

能移動嘴巴、呼吸節奏順暢和舌頭十分靈巧，正是發展語彙能力的三大要件。媽媽可以多做、多說給孩子模仿，加強他的學習能力。

吹泡泡或吹玻璃紙遊戲可訓練口部動作和呼吸方式，有助於語言的發展。

反覆聽說促進語言發展

那些語彙能力不佳，不太會說話的孩子，最大的問題應該是生活環境的關係；亦即，他們平常不太有機會開口說話。

所以，媽媽應該製造機會讓寶寶多多開口說話；例如問他：「爲什麼呢？」「這是什麼？」並且交代家中其他的大人，不要替寶寶回答問題，耐心等他自己回答。

對於不太會說話的孩子，可以多製造一些機會讓他開口說話。

激發他的好奇心

寶寶拿不到高處的玩具時，可教他利用板凳拿下來；當然媽媽要在一旁看著。

善用道具體驗生活

「我來做！」「讓我來！」這時的寶寶十分具有自我意識，凡事都想自己嘗試看看；雖然每個孩子在這方面的發展程度不一，但一般約爲1歲半到3歲爲止。

在這個所謂自我意識萌芽的時期，正是寶寶快速學習認知的好機會；雖說有些事困難度比較高，還是可以利用孩子積極的學習心態，讓他多方嘗試新的事物。

像他如果拿不到高處的東西，可教他利用板凳；等他會自己爬上板凳後，一邊守著別讓他摔倒。如果寶寶成功了，記得好好讚賞他。

等下一次他還想拿高處的東西時，就知道利用板凳了。

再者，在這個寶寶凡事都想試試看的時期，即使明知有些事他一定做不來，還是不要對他說：「不可以！」讓他試試，體會失敗的感覺。「我要趕快長大幫媽媽的忙！」這種話像是在宣示自我的存在呢！

自行判斷求助或選擇

讓寶寶了解自己做不到的事情可向大人求助，也是此時的教養重點。對於自己感到興趣卻又辦不到的時候，適時請求大人的協助，可以避免寶寶在大人看不到的時候嘗試一些危險的行爲。

除此之外，比較兩個物體之間的差異，也是重要的學習。經常問寶寶：「你喜歡哪一個？」「哪一個比較大？」「哪一個比較重？」，可以訓練他認識其間的不同。

正因爲這時的寶寶充滿旺盛的好奇心，媽媽應該常和他說話，並且多做比較之類的遊戲；這種訓練能促進腦部前額前野的發展。

對於自己做不來的事情，會自行判斷是否該向大人求助。

如何分辨物體的重量或大小的差異，也是很重要的練習。

用嘴吹熱食，等它變涼時，可以先聞到食物的美味。

自己把食物吹涼

對味覺的發展而言，食物的溫度、軟硬或味道等等，都是十分重要的要素。幼兒對熱食比較沒輒，但如果因爲這樣就只給他吃溫溫的食物，對味覺、唇部感覺或皮膚的觸感都有不好的影響。

所以，也可嘗試給寶寶一些熱食，讓他自己吹涼，在等食物變涼的同時，即可聞聞食物的味道。

了解食物的氣味，嚐到食物的味道的寶寶，逐漸架構了對味覺的體認。因此，若一直都是媽媽吹涼食物再餵食，寶寶恐怕很難有這種體驗。所以，吃東西時，最好還是讓寶寶自己吹涼吧！

體驗四味以語言表達

一般來說，幼兒進食的過程是先看著食物，用湯匙舀起食物送到嘴邊，聞聞食物的味道，再放入嘴巴。

這些被送入嘴巴的食物，會先停在寶寶的舌尖上感受一下味道，接下來被咀嚼，連同唾液一起吞下肚。

味道大致分成酸甜苦辣四種；寶寶的最愛當然是甜味囉！

不過因這四種味道可各自透過感覺器官，成爲味覺訊息被傳至腦部；所以，如果只給他吃甜食，其他味道的感覺器官會變得很遲鈍，影響寶寶的發育。

因此，每天給寶寶嚐試混合這四種味道的食物，幫助他體驗各種滋味，更是重要的訓練。每到點心時間，媽媽就告訴寶寶：「這是甜的！」或「這有點酸味！」同時教寶寶以語言說出味道的名稱。

透過每天的食物，讓他體會酸甜苦辣的感覺，再教他說出「甜」「酸」等字彙。

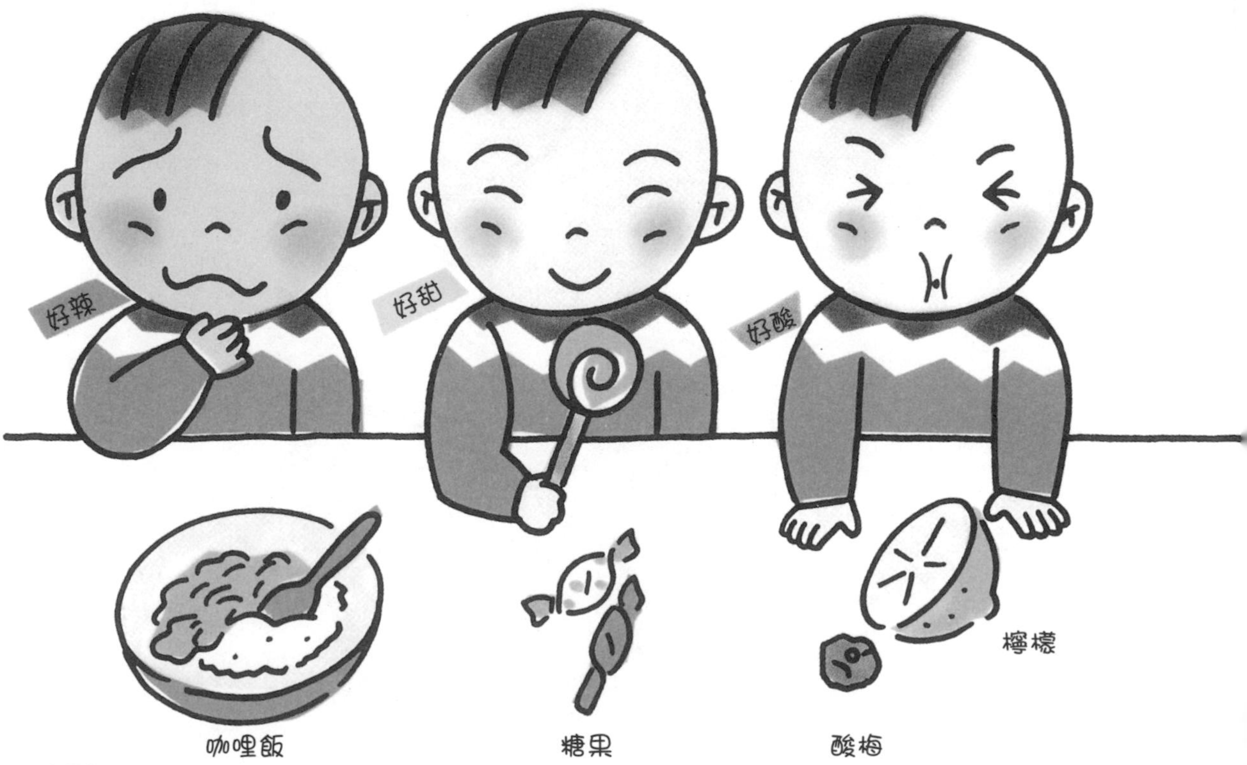

生活習慣的養成與教養

親子間的信賴關係，是教養孩子的重要依據。譬如可以告訴寶寶：「這些玩具請你收拾乾淨！」如果寶寶真的做到了，一定要好好地讚美他。

整理的遊戲
訓練他做個小幫手

讓寶寶自己去體驗及了解各種事情，是學習各種事物的捷徑，也是加深認知的重要訓練。

所謂教養就是「觀察、模仿、做出一定的運動類型」；而非一味地按照大人的喜好訓練孩子。

寶寶經常在日常生活中，觀察及模仿成人的舉動，進而成就了自我的教養。

但這一切訓練的基礎，都要架構在親子之間的強烈信賴感上。千萬不要忘了，大人也要遵守和寶寶的約束，他才會遵守規定。

這個時期的寶寶，智能發展相當快速，自我意識也越來越濃厚。

例如請他當個小幫手的遊戲，也是教養孩子的有效方法。「請幫我把它拿過來！」對於如你所託完成這個「任務」的孩子，千萬不要吝於你的讚美。不管是整理玩具的遊戲，或者是當個小幫手的遊戲，都可以加強親子間的情感交流，養成良好的生活習慣呢！

訓練孩子的自制力

這也是一個教導孩子培養自制力的時期。不論什麼事，如果沒有按照自己想要的樣子就大發脾氣的孩子，未來的人格發展一定會有問題。學會忍耐正是自我抑制力萌芽，具有良好社會性的證據。

等待、忍耐也是不可缺的教養；學會了忍耐，表示孩子已經具有社會性。
嗯…要忍耐！
還沒做好，再等一下喔！

給孩子滿滿的愛是教養的根本

教養孩子時最重要的是，媽媽要滿懷關心地疼愛孩子，讓他充分感受到「自己是被愛的」；相信這樣的話，孩子也一定會投注自己的愛意給媽媽。

相反地，感受不到媽媽的愛，少被人疼惜的嬰幼兒，可能很少對別人微笑，食慾不佳，各方面都沒有積極的表現。甚至遊戲時也不夠活潑，很少活動而一直坐著。臉上更是一副悲傷、鬱鬱寡歡的神情。

簡單地說，缺乏親子情感交流的孩子，和外在世界的聯繫缺少心理層面的溝通，有的只是表面上的認知。

在這種狀態下，要教養孩子實在相當困難。所以，唯有親子間具有良好的情感交流與溝通，彼此擁有深深的信賴感，教養的工作才會眞正落實；這對孩子未來人格的發展具有十分深遠的影響呢！

滿懷關愛與孩子相處，讓他充分感受到家人的愛，是最重要的教養基礎。

我把孩子變聰明了
—如何激發 0～2 歲寶寶的智能

媽咪安心手冊 3

作者：久保田競
譯者：高淑珍
主編：羅煥耿
責任編輯：黃敏華
編輯：陳弘毅
美術編輯：鍾愛蕾、林逸敏

發行人：簡玉芬
出版者：世茂出版社
地址：（231）台北縣新店市民生路19號5樓
登記證：局版臺省業字第564號
電話：（02）2218-3277
傳真：（02）2218-3239（訂書專線）．（02）2218-7539
劃撥：07503007．世茂出版社帳戶
單次郵購總金額未滿200元（含），請加30元掛號費
電腦排版：造極彩色印刷製版股份有限公司
印刷：長紅印製企業有限公司
初版一刷：2003年7月
　　二刷：2004年6月
0～2SAI NOURYOKU TO IYOKU WO NOBASU IKUJIHOU

定價：220元

國家圖書館出版品預行編目資料

我把孩子變聰明了：如何激發０～２歲寶寶的智能／久保田競著；
高淑珍譯. --初版. --臺北縣新店市：世茂，２００３〔民９２〕
面；公分. --（媽咪安心手冊；３）

ISBN 957-776-519-X（平裝）

1.育兒 2.嬰兒心理學

428 92010666